SHENGWULEI ZHUANYE JIAOXUE GAIGE
YANJIU YU SHIJIAN

生物类专业教学改革研究与实践

韩新才 著

U0272919

化学工业出版社

·北京·

内 容 简 介

《生物类专业教学改革研究与实践》主要包括 6 章内容，分别对人才培养体系机制模式、课堂教学方式方法、实验实习毕业设计论文等实践教学、创新型人才培养、高校基层教学组织建设、生物技术专业建设等方面，进行了教学改革研究与实践。(1) 构建了"生物化工"与"生物医药"特色的生物专业人才培养体系。(2) 开展了基于"快乐教学，人人成才"理念的"一教二主三化"课堂教学改革和"学生出卷子考试"考试改革。(3) 实施了"一岗二同三边"实习教学改革和毕业设计论文"333 工程"新措施。(4) 探讨了提高大学生"劳动就业能力""实践动手能力"和"创新创业能力"的新思路。为了便于阅读，每节节前都安排有"内容简介"，每章章尾都对全章参考文献进行了罗列，以示对文献作者的尊重，同时，对每章成果的基金项目进行了标注。

本书适合高等学校生物技术专业、生物工程专业、生物科学专业、生物制药专业等生命科学类专业的师生使用，也可供生物化工、生物医药、食品工程等生物相关领域企业员工和教学科研人员参考。

图书在版编目（CIP）数据

生物类专业教学改革研究与实践/韩新才著 . —北京：

化学工业出版社，2020.12

ISBN 978-7-122-38313-6

Ⅰ.①生… Ⅱ.①韩… Ⅲ.①生物学-教学改革-高

等学校 Ⅳ.①Q-42

中国版本图书馆 CIP 数据核字（2021）第 002415 号

责任编辑：李 琰 甘九林 　　　　　　　　装帧设计：韩 飞
责任校对：宋 夏

出版发行：化学工业出版社（北京市东城区青年湖南街 13 号 邮政编码 100011）
印 　　装：涿州市般润文化传播有限公司
880mm×1230mm 1/16 印张 10½ 字数 250 千字 2021 年 2 月北京第 1 版第 1 次印刷

购书咨询：010-64518888 　　　　　　　　售后服务：010-64518899
网 　　址：http://www.cip.com.cn
凡购买本书，如有缺损质量问题，本社销售中心负责调换。

定 　　价：88.00 元

序 言

我们身处伟大的历史变革时期和为实现两个一百年而奋斗的重要时刻，中国高等教育担负着培养德智体美劳全面发展的社会主义合格建设者和接班人的历史重任。高等学校如何实现再发展，习近平总书记明确指出："只有培养出一流人才的高校，才能成为世界一流大学"。因此，高等教育如何更好地发挥育人功能与职责，就成为我们当代教育工作者要认真思考的一个重要问题。

教书育人的任务已十分明确，高等教育要以本为本，重在质量。"回归常识、回归本分、回归初心、回归梦想"是新时代国家对高等教育回归教学本质，走内涵发展道路的殷切希望。如何做到：不忘教育者的初心，牢记教育的使命，认认真真踏踏实实做好本科教育工作，这是我们每位高校教师都必须回答的问题。

有鉴于此，我校韩新才教授作为一名有着20余年教龄的高校一线教学经验的教师，结合自己对教学的多年实践的思考和对教学改革的研究，作出了一份高质量的回答，他将思考、研究与实践汇聚成集，以《生物类专业教学改革研究与实践》的形式成书出版。从书中我们看得到他对教育工作的热爱，品得到他对教学的深邃思考。

阅读本书稿之后，我认为这是一本能够启迪思考的好书，具有很好的可教性和可学性。内容衔接流畅，整书逻辑性强，有探讨、有思想、有研究、有实践，全书的理论性、实践性和系统性充分体现了一个教育工作者对教学质量的坚守和教学规律的感悟。对我国高校生物学教学改革发展具有一定的理论价值、实践价值和借鉴价值。

期望通过学习本书，能够广泛深入系统地促进我国生物学等学科的创新性复合型人才培养的教学改革探索与实践更进一步，为我国高校生物类等专业教育教学改革发展和人才培养质量的提高增添动力和活力。

张 珩

2020 年 10 月于武汉工程大学

前　言

新时代，在国家建设一流大学和一流学科的"双一流"背景下，习近平总书记指出，"只有培养出一流人才的高校，才能成为世界一流大学"，因此，"双一流"建设的核心和落脚点，在于人才培养质量，而人才培养的重要工作，是高校的人才培养体系的建设与教育教学改革、研究与实践，"回归常识、回归本分、回归初心、回归梦想"，是新时代国家对高等教育回归教学本质，走内涵发展道路的殷切希望。

高等教育要以本为本，本科不牢，地动山摇，打赢本科教育攻坚战，要通过新时代的新教改，赢得新时代新质量。高校教师学术水平，包括学科学术水平和教学学术水平，加强教学投入，提高教学学术水平，真正提高人才培养质量，将是高校教师未来发展的时代潮流。

《生物类专业教学改革研究与实践》，以武汉工程大学生物技术专业等生物类专业建设发展为例，系统深入论述了我国高校生物学类专业，在新世纪教育教学改革与发展中的理论探索与鲜活实践，对我国高校生物学教学改革发展具有一定的理论价值、实践价值和借鉴价值。本书主要内容包括：（1）生物类专业人才培养体系、机制、模式研究与实践；（2）课堂教学方式方法改革研究与实践；（3）实验、实习、毕业设计论文等实践教学改革研究与实践；（4）创新型人才培养研究与实践；（5）高校基层教学组织建设研究与实践；（6）生物技术专业建设研究与实践等。主要特色如下：

1. 系统性。本书是作者近 20 年来结合自身从教实践，进行生物学教育教学改革和人才培养的理论研究和实践创新的成果，发表了第一作者系列教研论文 30 余篇，内容包括高校人才培养的主要工作，如人才培养体系机制模式、课堂教学、实践教学、创新性人才培养、基层教学组织建设，以及专业建设等。本书是研究成果的总结，内容具有一定的系统性。

2. 科学性与先进性。本书是作者近 20 年来主持 10 余项国家级、省部级、校级教学研究课题的成果总结，成果内容多次荣获中国化工教育协会、中国石油和化学工业联合会教育科学研究成果奖、全国高校生物学教学研究优秀论文奖、武汉工程大学教学成果一等奖、武汉工程大学教学质量优秀奖，以及国家级和省级生物学科竞赛指导教师奖、湖北省优秀学士学位论文指导教师奖等。内容具有明显的科学性与先进性。

3. 理论性与实践性。本书是武汉工程大学生物技术专业近 20 年来，在专业建设与人才培养、教育教学改革等各个方面的理论探索和实践经验的总结，内容既有理论探索，又有许多实例，具有鲜明的实践特色和参考价值。

感谢化学工业出版社和武汉工程大学"双一流建设"项目对本书的支持。

作为高校一线教学的教师，结合教学实践进行教学改革研究与实践，由于时间、精力、知识水平有限，难免存在疏漏和不足之处，恳请读者提出宝贵意见和批评建议，帮助我们在今后的教育教学中进一步完善提高，共同为我国高校生物类专业教育教学改革发展和人才培养质量的提高而不懈努力。

韩新才

2020 年 9 月于武汉工程大学

目 录

第一章

人才培养体系、机制、模式研究与实践

第一节

地方高校"生物+"创新性复合型生物技术专业人才培养的探索与实践

为了满足国家战略性新型产业现代生物产业的快速发展需要，培养创新性复合型生物技术专业高素质人才，武汉工程大学生物技术专业，根据教育部专业建设要求，依托学校化工与制药学科优势，进行了"生物＋化工""生物＋医药"的创新性复合型人才培养的探索与实践，并取得了一定的成效。

生物技术是以现代生命科学理论和成果为基础，结合数学、物理、化学、信息学等学科的新进展，利用先进科学技术改造和利用生物体为人类服务的高新技术。生物技术是一门涉及领域宽、涵盖范围广、基础性强、理工结合的新学科，生物技术学科将是多学科发展中最为迅猛的学科之一，生物技术产业将成为世界各国各行业中优先发展的支柱产业，已成为产业结构调整的战略重点和新的经济增长点，将成为我国赶超世界发达国家生产力水平，实现后发优势和跨越式发展最有前途、最有希望的领域。以生物技术为核心技术的现代生物产业已列入我国"十三五"战略性新型产业。

为了为国家培养急需的生物技术专业人才，满足国家战略性新型产业快速发展需要，1997年教育部批准建立生物技术专业，目前，全国该专业办学点达 379 个，在校学生有 7.5 万多人。为了保证专业人才培养质量，教育部分别于 2012 年和 2015 年发布了《生物技术专业规范》和《生物技术专业本科教学质量国家标准》。由于生物技术专业涉及领域非常广泛，与国民经济息息相关，不同产业对人才培养的要求不同，任何一个高校都不可能培养"面面俱到，行行精通"的生物技术专业人才。因此，在生物技术专业人才培养上，如何根据教育部对生物技术专业人才的培养要求，创新人才培养模式和机制，突出学科优势和人才开发应用能力，培养创新性复合型人才，办出品牌、办出特色，是高等学校都要面对的重要课题之一。

武汉工程大学是一所中央与地方共建、以地方管理为主、行业划转的省属普通高等学校，具有明显的化工行业特色与化工学科优势，学校具有化学工程与技术一级学科博士授予权，化学工程专业和制药工程专业通过了国家工程专业认证。我校生物技术专业是在学校化学工程、制药工程、应用化学和生物化工 4 个省级重点学科基础上于 2003 年组建的，成立近 20 年来，依托学校化工与制药学科优势，创新人才培养机制，走生物与化工、生物与医药融合的复合型生物技术人才培养之路，广泛开展创新性复合型人才培养的探索与实践，初步形成了"生物＋"的创新性复合型人才培养模式、人才培养体系、课程改革体系、课堂教学改革体系以及实践能力培养体系等，取得了一定成效。

一、构建了"生物＋"创新性复合型生物技术专业人才培养新模式

按照教育部对生物技术专业建设要求，结合我校化工与制药学科优势，以"厚基础、重实践、强能力、高素质、显特色"为导向，将生物技术专业人才培养与我校优势学科有机结合，构建了"生物＋化工""生物＋医药"生物技术专业创新性复合型人才培养新模式，形成生物化工与生物医药专业特色，提高人才培养质量和就业创业创新能力。我校构建的生物技术专业"生物＋"的化工特色人才培养模式，强化了生物与化工和生物与医药学科的融合，彰显了我校化工与制药优势学科特色。

二、建立了与"生物＋"人才培养模式相适应的生物技术专业创新性复合型人才培养新体系

探讨和构建了与"生物＋化工""生物＋医药"人才培养模式相适应的创新性复合型人才培养机制创新的8个人才培养新体系，即（1）具有生物化工和生物医药特色的人才培养方案体系；（2）凸显化学和化工基础的生物与化工、生物与医药融合的课程体系；（3）以快乐教学人人成才为理念的"一教二主三化"的课堂教学改革体系；（4）以实践能力培养为重点的实验、实习、实训、毕业设计论文、社会实践"五位一体"实践教学体系；（5）以高校政治文明促进优良学风和优良育人环境形成的育人体系；（6）以"高素质、跨学科、创新型"为特色的"双师型"师资队伍建设体系；（7）以"组织管理、运行管理、制度管理、质量管理和对教学工作全方位、全过程监控"为重点的"4管理1监控"的教学管理体系；（8）以"德、智、体、美、绩"为考核内容，"注重实践能力、自主创新能力和核心竞争要素评价，与校内专家评价、学生评价、校外实习单位评价、用人单位评价相结合"的"2能力1要素4结合"学校与社会相结合的人才质量评价体系。人才培养体系，强化了生物与化工和生物与医药的学科融合，彰显了我校化工与制药优势学科特色，具有理论和实践价值。

三、创立了凸显化学和化工基础的生物与化工、生物与医药融合的课程改革新体系

本校生物技术专业课程改革新体系，由生物专业课程和化工与医药特色课程组成。生物专业课程，主要包括植物学、动物学、微生物学、生物化学、细胞生物学、遗传学、分子生物学、基因工程、细胞工程、发酵工程、酶工程等；化工与医药特色课程，主要包括化工原理、生物化工、生物分离工程、药理学、药物设计、生物技术制药、生物制药工艺学等。该课程体系以省级基础化学示范中心为平台；以4大化学（无机化学、有机化学、物理化学、分析化学）和化工原理等化学、化工基础课为重点；以生物和化工与生物和医药课程相融合为特点；以生物化工和生物医药为专业方向；彰显了工科化工院校学科特色，具有明显的创新性。

四、开展了以快乐教学人人成才为理念的"一教二主三化"课堂教学改革新尝试

人在快乐状态时，工作效率和质量最高。给学生一个足够的空间，充分挖掘学生的潜力，让学生在快乐中学习、自主学习、自由发挥，有利于学生的个性发展和培养，有利于人人成才。为

了改革传统灌输式教学模式导致的"师厌教、生厌学、教学差"的不良教学状况，建立了基于快乐教学人人成才理念的"一教二主三化"课堂教学改革体系。"一教二主三化"，即"关爱学生、因材施教；自主学习、自主出卷考试；沉闷化为轻松、复杂化为简洁、抽象化为具体"。将快乐教学人人成才的教学理念，贯彻落实到课堂教学实践中，通过把幽默带进课堂、营造快乐教学课堂氛围、构建和谐师生关系、精简教学内容、改革考试方法以及将高校思政教育和人文素养培养融入课堂教学等，促进教学课堂呈现出"师生关系融合、师生智慧竞相绽放、全体学生人人出彩"良好局面，达到人人成才的目的。快乐教学人人成才的课堂教学改革体系，具有一定的先进性、科学性、针对性和应用推广价值。

五、实施了"一岗二同三边"实习教学改革和毕业论文"333工程"新措施

在实习教学中，我校与武汉光谷生物城的武汉光谷新药孵化公共服务平台公司、武汉中博生物股份公司、武汉科诺生物科技有限公司等生物化工、生物医药高新技术企业，以建设双赢的校外实习基地为平台，改革参观式、袖手旁观式实习教学模式，采用的"一岗二同三边"实习创新模式，即"顶岗实习、同吃同住、边劳动边学习边实践"，全面提升学生的生物化工与生物医药方面的专业实践创新能力。

在毕业设计论文工作中，充分利用校内和校外两种教育资源，实施"333工程"，即"三方三真三合：产学研三方、真题真做真项目、生物化工医药三结合"，在提高大部分学生在校内进行毕业设计论文质量的基础上，41.23％的学生开拓校企共同培养毕业生进行毕业设计论文工作，大幅度提高了毕业设计论文质量，彰显了应用型人才"开发应用能力"和人才培养"创新性复合型"特色，具有重要的理论价值和实践价值。

六、建设了一支"生物＋"创新性复合型人才培养高素质教师队伍

通过推荐攻读博士学位、出国留学与进修、校企合作培养、国内外人才引进等措施，建设了一支符合省属地方高校实际、达到专业发展要求、有一定专业特色的专业师资队伍。目前，本校生物技术专业有专任教师9人，其中，教授2人，副教授3人，讲师4人；博士5人，硕士4人；教育部新世纪优秀人才1人，校高端人才1人。专业教师教学科研成果丰硕，为创新性复合型人才培养提供了有力支撑。在教学方面，专业教师广泛开展教学研究与教学改革，发表了成体系成系列的多篇教研论文，仅韩新才教授以第一作者发表的教研论文就有近30篇；专业教师主持教研项目10项，其中，国家级1项、省部级3项、校级6项；获全国化工教育成果奖二等奖1项、三等奖2项，全国高校生物学教学研究优秀论文奖3项；获校级教研成果奖一等奖2项、三等奖2项，校级教学质量优秀奖二等奖4项、三等奖2项；指导学生，获湖北省省级优秀学士学位论文奖40余篇，获省级学科竞赛奖一等奖3项，二等奖4项，二等奖9项。在科研方面，专业教师主持国家基金等国家级项目6项，省部级项目10多项，获得省级科技进步二等奖6项，获国家发明专利20多项。

七、"生物＋"创新性复合型生物技术专业人才培养促进了专业人才培养质量的提高

全方位多领域进行创新性复合型人才培养改革，成效显著，该教学改革成果于2016年10月通过了湖北省教育厅组织的省级教学研究成果鉴定（鄂教高鉴字［2016］030号），有力地提高

了人才培养质量。

一是在校学生创新能力强，表现优秀。我校生物技术专业学生，有 10 人次荣获国家奖学金，其中，2016 级章鹏同学 3 次荣获国家奖学金，2020 年研究生推免被中国科技大学录取；31 人次荣获国家励志奖学金；有 6 人荣获国家专利；5 个学生团队荣获全国学科竞赛一二三等奖，如何佳佳团队 2018 年荣获"创青春"全国大学生创业大赛"金奖"，辛玥团队 2020 年荣获第五届全国大学生生命科学创新创业大赛"一等奖"；25 人荣获湖北省生物实验竞赛等省级学科竞赛一二三等奖；40 多人荣获湖北省优秀学士学位论文奖；学生公开发表科研论文 22 篇。以 2016 年学生取得的创新成绩为例，说明人才培养质量。2016 年，我校生物技术专业，闭思琪和瞿蕾 2 个学生荣获国家奖学金；黄倩、刘小红和吴艳玲 3 个学生荣获国家励志奖学金；李银平、荣芮等 7 位同学，荣获湖北省教育厅组织的"第四届湖北省大学生生物实验技能竞赛"2 个省级二等奖，4 个省级三等奖；罗君雨同学的毕业论文，荣获湖北省优秀学士学位论文奖。2016 届生物技术专业毕业生，考研率 31.5%，就业率为 100%，在生物化工与生物医药行业就业率 62%。在校学生的创新性复合型特色表现显著。

二是毕业学生生物化工与生物医药素质高，创新能力后劲强。我校生物技术专业 2007 年开始有毕业生，这些毕业学生服务社会的能力强。例如，2009 届毕业生徐德红，现为武汉光谷生物城上市公司新药孵化平台公司总经理，公司产值过亿；2009 届毕业生刘顿现为广州市妇幼保健院首席试管婴儿专家；2009 届毕业生赵家路自己开办生物医药，公司产值近千万；2007 届毕业生张红现为湖北白云边酒业公司国家级品酒师等。

三是创新性复合型生物技术专业人才培养实践，获得了学生与社会多方面好评。米雪同学评价"感谢老师对我们学习生活上的帮助，总是为我们树立信心，总是关心大家的各个方面，有了您，这四年我们过得格外幸福，我们不会忘记在我们青葱岁月里有您的陪伴"；张美霞同学评价"老师这份教书育人为人师表的职业精神值得我学习，认真负责、以德育人、以才服人的精神将会伴随我的人生旅程"。实习单位武汉科诺生物科技公司评价"同学们责任心强，对微生物发酵系列产品有很强的专业理解，为公司提出了很多合理化建议，实习效果非常好"；实习单位武汉维尔福生物科技公司评价"实习带队老师和学生与公司员工同吃同住同劳动，积极为公司出谋献策，老师和同学们很敬业，值得我们学习，贵校实习受到公司一致好评"。用人单位武汉光谷新药孵化平台公司评价"贵校学生任劳任怨，吃苦耐劳，综合素质高，专业能力和动手能力强，有较强的领导力"。

|第二节|

生物技术专业化工特色应用型人才教育体系的探索与实践

> 为了培养厚基础、重实践、强能力、高素质、显特色的生物技术专业应用型人才，武汉工程大学生物技术专业，从人才培养目标、人才培养模式与体系、实践能力培养体系、课程体系等方面进行了化工特色应用型人才教育体系的探索与实践，对生物技术专业人才培养质量、专业建设、学术交流等方面的提高起到了较好的促进作用。

一、根据专业特点，结合学科优势，制定生物技术专业化工特色应用型人才培养目标

武汉工程大学是一所特色鲜明的地方本科院校，其优势特色学科为化工学科，具有博士学位授权资格。高校扩招后，学校以化学工程、制药工程、应用化学、生物化工等优势学科为依托，于 2003 年成立生物技术专业，招收生物技术专业本科生。如何办好该专业，既不能照搬其他高校建设模式，又不能脱离本校实际，必须依托本校化工学科优势，走生物与化工相结合的专业建设道路，这样，专业建设才能成本最低，特色最明显，成绩最显著。

根据教育部对生物技术专业应用型人才培养的要求，结合我国高等院校生物技术专业学科现状，进行生物技术专业化工特色应用型人才教育体系创新研究与实践，旨在构建能把握现代生命科学与技术学科发展方向和前沿、具有鲜明化工特色的生物技术专业应用型人才培养创新模式与创新体系，解决高等院校生物类专业人才培养目标单一、特色不鲜明、盲目向综合性大学培养研究型人才趋同的问题，为我国应用型人才培养提供参考思路。通过生物技术专业建设实践和人才培养机制创新的实施，构建生物技术专业特色鲜明的人才培养目标、专业培养方案、特色课程体系，以及优化学生知识结构、能力结构和素质结构的教学管理、教学内容与方法的改革体系等，将我校生物技术专业，建设成具有明显化工学科优势，特色鲜明的生命科学类专业，为社会输送合格的创新性、应用型高级生物技术人才。

基于以上思考，根据生物技术专业特点，结合学校化工与制药学科优势，制定了我校生物技术专业化工特色应用型人才培养目标：本专业培养德、智、体、美全面发展，具备生命科学与技术和现代生物技术系统理论和专业技能知识，以及一定的人文社会科学、自然科学、化学工程与技术等方面知识；具有从事生物技术产业及其相关领域设计、生产、管理和新产品开发、新技术研究能力；具有生物化工和生物制药专业特色和专长；能从事生物技术及其相关领域科学研究、技术开发、教学及管理等方面工作的应用型高级生物技术人才。

二、创新人才培养方式，构建生物技术专业化工特色应用型人才培养创新体系

按照教育部生物技术专业建设要求，结合我校化工学科优势，研究探讨和构建了生物技术专业化工特色应用型人才培养机制创新的 7 个体系，即：（1）以"厚基础、重实践、强能力、高素质、显特色"为导向的"多元化"的应用型人才培养目标体系；（2）以"生物技术专业课程＋特色课程"为主导的化工特色课程体系；（3）化工与生物相结合的"双师型"师资队伍体系；（4）"4 管理2 监控"的教学管理体系；（5）"2 能力 1 要素 4 结合"教育质量与人才质量评价创新体系；（6）"利用校内和校外两种教育资源，走产学研合作道路"的"产学研合作"型应用型人才创新能力培养体系；（7）以高校政治文明促进优良学风和优良育人环境形成的育人体系。根据以上人才培养体系，结合我校化工学科优势，构建了我校生物技术专业"生物＋化工"的人才培养模式，强化了生物与化工学科的融合，彰显了我校工科化工与制药优势学科特色。

三、 强化人才开发应用能力和实践能力培养，建立"实验、实习、实训、毕业论文、社会实践"五位一体的生物技术专业实践能力培养体系

根据教育部对高等学校本科生物技术专业应用型人才培养定位和要求，应用型人才主要培养其"研究开发应用能力和实践能力"，为了大幅度提高学生"研究开发应用能力和实践能力"，进行了生物技术专业实践能力培养体系的建设与实践，建立"实验、实习、实训、毕业论文、社会实践"五位一体的生物技术专业实践能力培养体系。一是"实验"，重点开设生物化工、生物制药方面的综合性、设计性实验，培养学生研究开发思维与动手能力。二是"实习"，以就业为导向，安排学生在生物技术企业"顶岗实习"，亲自参加生产劳动，培养学生劳动就业素质与能力。三是"实训"，开设化工原理课程设计和金工实习，培养学生生物化工素质，彰显我校生物学生"化工"特色。四是"毕业论文"，以"产学研"合作模式进行，除一部分学生在校内进行研究外，另一部分学生送到校外企业事业科研单位，结合单位研究课题，进行毕业研究工作，大力培养学生科学研究创新素质和研究开发应用能力。五是"社会实践"，让学生了解国情、热爱劳动、奉献社会、珍惜生活，培养学生务实的思想作风和高尚的品质。五位一体的实践能力培养体系，可以大幅度提高应用型人才的创新素质与实践应用能力。

四、凸显化工特色，创立工科院校生物与化工融合的生物技术专业课程体系

课程体系应该体现生物技术专业人才培养目标的多层次和多样化要求以及人才培养特色。我校为工科化工院校，为了彰显我校培养人才的化工特色，建设了凸显化学和化工基础的化工与生物融合的生物技术专业课程体系。该课程体系，以生物和化工课程相融合为特点，以生物化工和生物制药为专业方向。课程体系中，除生物技术专业课程外，开设了化工与制药的特色课程，如化工原理、化工原理课程设计、生物化工、药理学、药物分子设计、生物技术制药等，通过生物课程与化工课程的有机融合，彰显了工科化工院校学科特色，可以大幅度提高生物技术专业人才特色。

五、生物技术专业化工特色应用型人才教育体系的实施及效果

1. 化工特色应用型人才教育体系的实施，有力促进了专业建设的发展

一是建设了一支结构较为合理、素质较高的师资队伍，生物技术专业，现有专业教师11 人，

其中教授 2 人，副教授 5 人，博士 5 人，博士在读 2 人。二是建设有微生物学、生物化学、细胞生物学、遗传学、分子生物学、发酵工程等 6 个专业实验室。三是建设了 6 个校外教学实习基地，分别是武汉科诺生物科技有限公司、宜昌科力生高农公司、中科院武汉植物园、孝感啤酒厂、黄石兴华生化公司、武汉大成设计咨询公司，这些基地为我校生物技术专业学生进行校外认识实习、生产实习、毕业实习以及毕业论文（设计）提供了有力保证。四是编制了我校生物技术专业化工特色应用型本科人才培养方案，撰写修订了 24 门专业课程教学大纲。五是已招收培养了 18 届 25 个班 800 多名本科生。六是基本形成了我校化工特色的生物技术人才培养模式、课程体系、实践环节教学体系、教学内容与教学方法改革体系以及育人体系。七是专业教学研究与科学研究取得较大发展。近几年来，在教学方面，承担国家级、省级、校级教学研究项目分别为 1 项、3 项、6 项，获得中国石油和化学工业联合会、中国化工教育协会"中国化工教育科学研究成果奖"三等奖 2 项，校级教学成果一等奖、三等奖各 1 项，校级教学优秀奖、二等奖、三等奖各 1 项；在科学研究方面，获得国家自然科学基金项目 2 项，教育部新世纪优秀人才支撑计划项目 1 项，发表 SCI 论文 20 余篇，获得国家授权发明专利 10 余项。

2. 化工特色应用型人才教育体系的实施，有力促进了人才培养质量的提高

生物技术专业化工特色应用型人才教育体系的研究与实践，有力提高了人才培养质量。研究成果在学校生物技术专业全面试点实施，共有 800 多名学生直接受益，项目的研究思路、人才培养模式、教学改革方法等辐射学校生物工程、食品工程等专业，有 2000 多名学生受益。在提高生物技术专业人才培养质量上，有如下方面表现。

一是学生政治思想良好，学风端正。生物技术专业学生，获得荣誉称号的人数多，如黄亮平同学 2005 年荣获"武汉工程大学杰出青年"称号；魏桂英同学 2006 年荣获"武汉工程大学优秀共产党员"称号；李金林同学 2007 年荣获"武汉工程大学优秀毕业生"称号；革伟同学 2009 年荣获"武汉工程大学三好学生标兵"称号。学生要求入党人数比例高，入党比例平均为 37.12%。获三好学生、优秀团干、优秀学生干部等称号的人次多，占 63.64%。获各种奖学金的人次多，占 63.64%。

二是学生学习成绩优良。生物技术学生，专业课成绩优良率（80 分以上）占 71.88%，不及格率（60 分以下）仅为 1.42%；四六级通过率平均为 94.44%；考研率平均为 32.5%。2008 年—2013 年，我校生物技术专业，有 3 名学生 4 次荣获国家奖学金；3 名同学荣获省政府奖学金；24 人（次）荣获国家励志奖学金；2 名学生荣获全国大学生英语竞赛一等奖，2 名学生荣获二等奖，1 名学生荣获三等奖；14 人荣获湖北省优秀学士学位论文奖。

三是学生综合素质有较大提高。近 5 年来，生物技术专业学生，有 5 人荣获国家发明专利和实用新型专利；有 5 人荣获湖北省大学生化学化工学术创新成果奖；革伟同学分别于 2009 年和 2011 年 2 次荣获"国家奖学金"；张红同学荣获第十三届奥林匹克全国作文大赛（主赛区）一等奖；黄亮平同学 2 次荣获"湖北省大学生田径运动会优秀运动员"称号；王欢同学 2010 年荣获"武汉工程大学优秀运动员"称号；常立超同学 2013 年被深圳航空公司挑选为民航飞行员；多名同学在学校举办的各类素质教育和社会实践中获奖。

四是专业人才培养质量较高。对 2012 届生物技术专业毕业情况综合数据分析表明，学生一次性就业率高达 100%，高质量就业率高达 9.52%，考上研究生录取率高达 38.1%，毕业论文获湖北省优秀学士学位论文奖比率高达 13.64%，这些指标均位居我校理科专业前列。

3. 化工特色应用型人才教育体系的实施，有力促进了专业教学研究与学术交流的开展

一是开展生物技术专业化工特色应用型人才教育体系创新研究与实践，共主持完成了 3 项省级以上和 5 项校级教学研究项目。3 项省级以上项目分别是：主持全国高教研究中心"十一五"国家教育规划项目重点子项目"生物技术专业应用型人才培养机制创新研究"，韩新才任生命科学与技术学科总负责人，2012 年已经结题；主持全国化工高等教育学会教育科学"十一五"规划研究课题"建设双赢生物化工校外实习基地的探索与实践"，2009 年已经结题；主持湖北省省级教学研究项目"构建化工特色生物技术专业人才培养模式的探讨与实践"，2008 年已经结题，成果通过省级鉴定，达到国内领先水平。此外，还主持完成了 5 项校级教研项目。

二是通过教学研究学术交流，扩大了在国内的学术影响和应用价值。进行的生物技术专业化工特色应用型人才教育体系创新研究与实践的经验与成果，分别于 2011 年在教育部于南昌大学举办的第六届"高校生命科学教学论坛"上进行了大会分组典型报告交流；2010 年和 2012 年分别在武汉生物工程学院和江汉大学举办的"武汉地区高校生命科学院长联席会"上进行了大会报告交流；2009 年在重庆三峡学院举办"国家十一五课题'我国高校应用型人才培养模式研究'生命科学类项目中期研讨会"上进行大会典型报告交流。

三是发表 20 多篇系列教学研究论文。分别就人才培养方案、人才培养模式、专业建设规划、专业建设实践、实习基地建设、实验室建设、理论课教学方法改革等人才培养机制创新等方面研究内容，在《高等理科教育》《化工高等教育》《武汉工程大学学报》等刊物发表了 20 多篇教学研究论文，在国内引起了广泛的关注。

| 第三节 |

高校生物技术专业应用型人才培养机制创新

> 生物技术是一门多学科交叉融合、理论与实践并重的新型综合性学科，实践性和应用性都很强，在国家经济社会发展中的地位和作用日益突出。为了培养高素质的应用型生物技术专业人才，本节从人才培养目标、人才培养方案、课程体系、师资队伍建设、教学管理与改革、人才评价体系、产学研合作教育等人才培养机制创新方面，进行了探索，以期对我国高校生物技术专业应用型人才培养有所帮助。

一、我国高校生物技术专业人才培养存在的问题

自 20 世纪 90 年代中期开始，生命科学领域的巨大进步，以及对生物产业的快速发展的期待，使生命科学相关专业成为高考考生的一项时髦选择，特别是 1999 年高校大规模扩招，更有力地推动了生物学科人才培养的膨胀，2001～2005 年，我国高校生物技术专业，办学点从 122 个增长到 248 个，在校生从 2.9 万多人增加到 6.2 万多人。由于该专业办学历史比较短，缺乏可供借鉴的成功经验，能否办好该专业，主要靠各院校在实践中不断探索与完善。因此，在生物技术专业人才培养上，存在一些不容忽视的问题和困难。

（一）专业定位模糊，人才培养模式和人才培养方案单一

在高等教育大众化阶段，按高等教育人才培养目标定位划分，高校培养人才包括以下三种类型，即：重点院校培养的以学术型为主的研究型人才；一般本科院校培养的以开发型为主的应用型人才；高职高专类学校培养的技能型为主的实用型人才。社会对这三种类型的人才在知识、能力、素质等方面的要求是不同的。按照教育部的要求生物技术专业主要是培养应用型人才，其专业定位、人才培养模式和人才培养方案均应围绕应用型人才培养这一主题。高校扩招后，不少学校在不十分了解生物技术专业特点的情况下盲目上马，结果导致专业定位和人才培养定位模糊，在办学指导思想、人才培养目标、人才培养模式上单一雷同，不顾社会实际需求与学科特色，忽视生物技术专业应用型定位，盲目向综合性大学培养研究型人才趋同，导致高校人才培养难以适应经济社会发展对应用型的生物技术人才的需求。为此，高校应该根据自身学科优势，强化专业特色，创新人才培养模式，构建多元化的人才培养目标和人才培养方案，注重人才开发应用能力的培养。

（二）教学模式呆板，对学生的主体性和差异性重视不够

现代素质教育的核心和应用型人才培养的本质要求是，教育教学要最大限度开发和挖掘学生固有潜能，要因材施教，充分尊重个体差异。目前，我国高校生物技术专业遵照的培养方案基本相同，教学内容大致相同，课程体系类似，学制一致，学生自主选择内容、安排进度的空间很小。对学生的主体性和差异性重视不够。教学方式方法千篇一律，缺乏灵活性，不能充分调动学生的积极性和主动性。在教学中看重培养学生"知识储备"，轻视培养学生"知识应用能力"，过分强调学生对书本知识的掌握，扼杀了学生对知识的兴趣，埋没了学生的创新性精神。因此，高校应该构建符合本校实际、科学合理的课程体系，加强教学方式方法改革，适应应用型人才培养差异化要求。

（三）"双师型""复合型"师资缺乏，培养的人才实践能力不足

生物技术是在现代分子生物学等生命科学的基础上，结合了化学、化学工程、数学、微电子技术、计算机科学、信息科学与技术等尖端基础学科而形成的一门多学科交叉融合的综合性学科，涉及学科广泛，特别注重不同学科之间的知识交叉与融合；同时也是实践性和应用性很强的一门学科，特别注重实践能力的培养与应用。目前，我国生物技术专业师资队伍，主要以"生物学"背景的教师为骨干，而"双师型"教师、不同学科交叉融合的"复合型"师资严重缺乏，这种状况不利于生物技术专业的发展与生物技术多元化人才培养的要求。

在教学上，存在重视理论教学，轻视实践教学的问题，学生动手能力差。而且由于生物技术专业实验教学投入大，设备昂贵，在实验教学中，存在实验内容陈旧，综合性、设计性、研究性实验缺乏的问题。此外，在毕业论文研究方面，由于扩招后学生人数增加，导致毕业论文实验条件不能满足要求，毕业论文质量不高。这样导致了我国高校特别是一般本科院校，培养的生物技术人才，独立工作能力、分析与解决问题能力以及知识加深拓宽的能力不足。因此，我国高校特别是一般本科院校，在应用型人才培养上，应该加强"双师型""复合型"师资队伍建设，以市场为导向，走产学研合作道路，加强学生实践能力培养，培养符合科学发展观要求和市场需要的应用型人才。

（四）人才培养特色不鲜明，就业难度加大

目前，我国高校特别是一般本科院校，生物技术专业人才培养，特别重视对生命科学学科培养，而各高校结合自身学科特色，培养具有特色学科优势的生物技术人才，缺乏典型与示范。高校培养的生物技术人才千篇一律，很难适应社会对多样化生物技术人才的需求，造成大学生就业难度加大。

二、生物技术专业应用型人才培养机制创新的指导思想

高等学校是社会系统的一员，服务、服从和满足社会需要，适应社会发展观念、发展模式以及经济增长方式，从而有效支持经济社会的发展，是高校的基本职能。当前，我国经济社会正在大力贯彻落实科学发展观，其核心是以人为本，基本要求是全面协调可持续发展，根本方法是统

筹兼顾。新的发展观念与发展模式，从客观和整体上要求高校必须树立相应的科学人才观，并以此进行人才培养目标、人才培养模式、人才培养机制的重新界定和创新。

此外，中国现代社会是多元化的社会，在产业结构上，既有以信息技术、生命科学、材料科学为代表的技术密集型高新技术产业，也有多年来形成的传统工业产业，又有劳动密集型的手工业和农业产业，还有改革开放后快速发展的服务业等。在地域分布上，既有东部发达地区，又有中部地区，还有国家大力开发的西部地区。多元化社会与国情，决定了对人才需求的多元化，同时也对高校人才培养机制与模式的改革创新提出了客观要求。

人才培养机制创新，要使人才培养目标与社会需求和学生全面发展相适应，要使培养方案与培养目标相适应，要使人才培养质量与专业定位相适应。为此，生物技术专业人才培养机制创新的指导思想是：（1）全面贯彻党的教育方针，坚持育人为本、德育为先；（2）遵循人才培养和生物技术学科发展的规律，注重人才培养的创新与传承，凸显人才培养时代特征，凸显高校办学特色，凸显生物技术专业应用型特点；（3）坚持思想道德素质、文化素质、业务素质、身体素质和心理素质协调发展，注重学生个性发展，树立社会需要和个人发展相协调的全面教育价值观；（4）注重学生实践能力、科研能力、创新能力的培养；（5）实现人才培养目标的差异化、多元化、特色化，以适应科学发展观对应用型人才培养的要求。

三、生物技术专业应用型人才培养机制的创新

（一）以"厚基础、重实践、强能力、高素质、显特色"为导向，构建多元化的应用型生物技术专业人才培养目标

生物技术是由多学科交叉形成的综合性很强的新兴学科，它包括生命科学的所有次级学科，又结合了化学、工程学、数学、微电子技术、计算机科学等尖端基础学科，要求生物技术人才具有较深厚的理论基础和较宽广的知识面。

生物技术是一门实验性、实践性很强的学科，它是以现代生命科学为基础，以工程学原理，按预先设计改造生物体或加工生物体生产产品为人类服务的一门技术科学，需要使用大量的现代高精尖仪器，如超速离心机、高效液相色谱、DNA合成仪等，要求生物技术人才具有较强的实验和实践能力。

同时，生物技术是一门应用性很强的高新技术，具有高智力、高投入、高效益、高竞争、高风险、高势能等显著特点，要求生物技术人才具有较高的思想文化道德素质和较强的创新能力。

由于生物技术涉及领域非常广泛，包括与国民经济息息相关的诸多产业，如：农业、能源、环保、化工、医药、卫生、矿产、材料、食品等，这些产业对生物技术人才培养的素质要求不同。我国近250个高校设置了生物技术专业，具有点多面广的特点，任何一所高校，都不可能培养面面俱到、行行精通的生物技术人才，各高校培养的人才应凸显各校特色，实现应用型生物技术人才培养目标的差异化、多元化、特色化，以适应国家对人才的需求。应用型生物技术人才的特色，包括农业特色、能源特色、环保特色、化工特色、医药特色、矿产特色、材料特色、食品特色等。

（二）构建科学规范的人才培养方案，满足应用型生物技术人才培养需要

人才培养方案是高等学校为达到人才培养目标所制定的总体设计，是人才培养的纲领性文

件，对应用型生物技术人才培养具有十分重要的意义。要根据学校的学科特色，应用型人才的特点，以及科学发展观的要求，制定行之有效、科学规范的人才培养方案。人才培养方案，应对业务培养目标、业务培养要求、主干学科、主要课程、主要实践教学环节、学制、学分、学位、教学进程等，作出明确规定和安排。

（1）在业务培养要求上，规定学生必须熟悉国家有关生物技术产业的方针、政策、法规，必须掌握生物技术专业基础理论知识，了解本学科的前沿和发展动态，掌握文献检索与查阅的方法，具有从事生物技术专业的基本业务能力、科研能力以及实际工作能力。

（2）在课程设置上，构建理论教学平台、实践教学平台和创新教育平台等三个平台。理论教学平台，由通识教育课程、学科基础课程和专业课程组成；实践教学平台，由实习、实验、实训组成；创新教育平台，由课程创新教育、学术创新活动、实践创新活动组成。

（3）要不断探索和完善学分制培养方案，设置通识教育学分、学科基础学分、专业学分以及创新学分，构建人才培养模式多元化、差异化局面，满足学生个性化、自主化发展需求。

（4）在实践教学上，规定学生必须进行认识实习、生产实习、毕业实习、毕业论文（设计）以及社会实践活动等，使学生对生物技术产业现状与发展趋势有切身了解与体会，大幅提高学生的综合素质、实践能力和创新能力。

（三）建立科学合理的课程体系，彰显应用型生物技术人才培养特色

课程是体现教育教学理念的重要载体，是创新性人才培养的重要途径。高校培养应用型人才的重点是课程体系设置科学合理、特色鲜明。生物技术是一门生命科学与其他学科交叉融合的综合性学科，在课程体系设计上，应改变过去只设置生命科学相关课程为唯一课程平台的模式，注重生命科学与其他相关学科的融合与创新，形成特色课程体系，构建"生物技术专业课程＋特色课程"这一新的创新课程的体系。创新的生物技术课程体系应涵盖以下三大模块。

（1）专业基础课：主要包括生物化学及实验、微生物学及实验、细胞生物学及实验、植物生物学、动物生物学等，以及专业基础特色课程。

（2）专业必修课：主要包括遗传学及实验、分子生物学及实验、基因工程、细胞工程、酶工程、发酵工程、生物技术大实验等，以及专业必修特色课程。

（3）专业选修课：主要包括生态学、免疫学、生物统计学、生物信息学、生物制品学、生物工艺学等，以及专业选修特色课程。特色课程应根据各高校的学科优势而定，它涵盖农业、能源、环保、化工、医药、卫生、矿产、材料、食品等诸多领域。

（四）加强"双师型""复合型"师资队伍建设，为应用型生物技术人才培养提供智力支撑

多元化的培养目标与交叉融合学科的特殊要求，决定了生物技术专业要想培养和造就一批合格的、能满足社会发展需求的应用型人才，必须强化师资队伍的建设，建设一支高素质、跨学科、具有创新能力的"双师型""复合型"教师队伍。

"高素质"，不仅仅体现在高学历、高职称上，更主要的是要有高度责任心和使命感，要精于教学、勤于科研、乐于奉献，做到爱岗敬业、为人师表。"双师型"专业教师，不仅要具有较高的专业理论水平，较强的教学、科研能力和素质，还要具有广博的专业基础知识，熟练的专业实践技能，较强的生产经营和科技推广能力，以及指导学生实践教学及创业的能力与素质。"复合

型"教师，则要求教师，特别是专业课教师，必须具有不同的专业教育背景，具有生命科学与其他学科交叉融合的素质能力，如"生物＋化工""生物＋环保""生物＋材料"等。"创新能力"，要求教师能跟上时代步伐，及时更新教学内容和方法，具有较强的教学改革和科研创新能力。

建设高素质"双师型""复合型"具有创新能力的师资队伍，需要政策和制度保障，可采用选送青年教师到重点大学培训、资助教师攻读博士学位、人才引进等方式，提高师资队伍质量，形成一支素质高、结构合理、具有特色的师资队伍。

（五）改革教学管理模式和教学方式方法，为应用型生物技术人才培养提供保障

高等学校教学管理模式改革，应顺应高等教育大众化趋势，更新教育教学观念，满足社会对应用型创新性人才的多层次和多样化的需求，营造一种有利于应用型创新性人才培养的教育环境，使学生创新能力和实践能力得到有效提高。

要制定和完善教育教学管理规章制度，促进教育教学管理系统化、规范化；要建立健全全面质量管理体系，对学校教学、管理工作进行全方位全过程监控，做到组织管理、运行管理和制度管理的有机统一；要以学生为主体，以提高教学质量为目标，以实现学生个性和特色发展为目的，提高教学管理人员整体素质，鼓励管理创新，以先进的教学理念和科学的工作方法，推动学校发展和人才培养质量的提高。

教学方式方法改革，要尊重学生主体地位和学生的个体差异，因材施教，充分挖掘学生潜能，提高学生参与教学的积极性；要加强学生实验、实习、毕业设计论文以及社会实践环节的教学，提高学生动手能力、实践能力；要重视教学内容的更新与衔接，强化理论知识在实践中的应用与发展，把握学科发展前沿；要充分利用多媒体等现代教学先进手段，提高教学质量。

（六）创建科学的教育质量评价和人才评价体系，确保应用型生物技术人才培养质量

当前高校教育质量评价和人才评价机制主要以学生的学业成绩为标准进行评价，这种评价机制具有不科学、不规范的缺点，这种评价体系不利于人才质量的评定和人才培养质量的提高。应用型人才教育质量评价和人才评价，要制定科学合理的教学质量标准和学生学业评价标准；建立校内专家评价、学生评价与校外实习单位评价、用人单位评价相结合的教育质量评价和人才评价体系；要以德、智、体、美全面发展为主要评价内容；要更加注重教育产出评价、学生学习产出评价、学生个性化发展评价，以及专业办学宗旨实现程度的评价；更加注重毕业率、就业率、成才率的评价；更加注重实践能力、自主创新能力和核心竞争要素的评价。

（七）以市场为导向，走产学研合作道路，为应用型生物技术人才培养创造条件

高等教育必须面向市场经济，回归市场是教育的根本与最终目标，应用型人才的最终培养目标也就是市场需求。生物技术专业应用型人才培养，必须以市场为导向，走市场化道路，充分利用校内和校外两种教育资源，主动走出去，了解市场，服务市场，走产学研合作培养的道路，大幅度提高学生实践能力。要加强与生物技术企事业单位的合作，共同创建校外实习实践基地，发挥校企合作独特功能。要依托专业优势和行业协会，根据市场需求，构建校企联合、双向互动的办学机制，培养高层次生物技术专业应用型人才。高校可以根据生物技术企事业单位需求，量体

裁衣，定向为其培养有特色的专门人才，即"订单培养"；也可以请生物技术产业的相关专家学者、研发人员及管理专家，到学校开讲座、作报告、进行短期培训，通过他们把行业的最前沿知识带进学校，拓宽学生眼界，使学生了解国情，坚定专业信念。

毕业学生除在校内完成毕业论文（设计）外，还可到校外与生物技术产业相关的企事业单位完成毕业论文，在校外完成的毕业论文，不仅论文题目与企业事业单位生产实际紧密结合，专题专做，科研成果对企业有利，而且学生通过科研，大大提高了实践能力以及科研能力，同时还可以促进就业。此外，高校应利用自身知识密集的优势，与企事业单位广泛合作，为企事业单位提供人才培养、产品开发、技术咨询、科学研究等方面服务，共建研发中心，共同开发产品等，形成校企优势互补合作双赢的良好关系，为应用型人才培养创造良好条件，打下坚实基础。

| 第四节 |

化工特色生物技术新专业人才培养模式探讨

根据高等学校本科生物技术专业建设规范的要求，结合工科化工院校学科优势，进行了化工特色生物技术新专业人才培养模式的探讨，构建了符合工科化工院校实际的，具有化工特色的生物技术新专业人才培养方案、课程体系、实践环节教学体系、教学方法改革体系和育人体系，为工科化工院校生物技术专业建设和人才培养提供参考。

一、构建具有生物化工和生物制药化工特色的人才培养方案

人才培养方案是实施人才培养工作的根本性指导文件，是开展各项教学活动的基础，是组织实施教育教学活动的依据，反映了学校人才培养思想和教育理念，对人才培养质量具有重要的导向作用。武汉工程大学生物技术专业是依托化学工程、制药工程、应用化学、生物化工 4 个省级重点学科建立的、具有生物化工和生物制药等学科优势的生命科学类专业，构建的化工特色人才培养方案具有如下特点。（1）体现国家教育方针，实现工科院校学校培养目标；（2）遵循人才培养和学科发展规律，体现工科化工院校学校办学特色；（3）拓宽专业口径，加强基础教育和通识教育，实现因材施教、以学生为本的教育理念；（4）培养能把握生命科学发展方向和前沿，具有生物化工与生物制药鲜明化工特色的生物技术应用型高级专门人才。

二、凸显化学和化工基础的生物与化工融合的课程体系

课程体系是实现专业培养目标，构建学生知识结构的中心环节，建立适应社会主义市场经济发展需要，体现生物技术学科内在规律和学校学科特色，科学合理的课程体系极为重要。我校生物技术专业的课程体系分为 6 大模块，即公共基础课＋学科基础课＋专业主干课＋专业方向选修课＋实践性教学｜全校任选课，课程体系凸显生物课程与化工基础的融合。

1. 公共基础课重视人文、法律基础和外语、计算机综合素质培养，以适应现代社会对人才素质的要求。公共基础课包括数学、物理、外语、计算机、大学语文、法律等。计算机、外语教学贯穿人才培养全过程。公共基础课共 67 学分，1210 学时。

2. 学科基础课以省级基础化学示范中心为平台，凸显化学和化工基础，实现化工与生物基础学科的有机结合。学科基础课包括 4 大化学板块和生物基础板块。4 大化学板块即无机化学、有机化学、分析化学、物理化学，依托我校省级基础化学示范中心这一发展平台，强化学生化工

学科基础，形成化工特色；生物基础板块包括植物生物学、动物生物学、微生物学、细胞生物学、生物化学等，形成生物技术基础学科群。学科基础课共 46 学分，836 学时。

3. 专业主干课把握生命科学的发展方向与前沿，强化学生生命科学专业的背景与特色。专业主干课包括分子生物学、遗传学、基因工程、细胞工程、酶工程和发酵（微生物）工程等。专业主干课共 20 学分，360 学时。

4. 专业方向选修课以化工优势学科为依托，形成生物化工与生物制药 2 个专业方向，生物化工方向选修课包括化工原理、生物分离工程、生物化工、生物工艺学等。生物制药方向选修课包括药理学、生物技术制药、生物制药工艺学、药物设计等。专业方向选修课共 8 学分，144 学时。

5. 实践性教学强化学生化工学科与生物学科实验动手能力、实践能力和创新能力。实践性教学共 23 学分，计划 23 周完成。

6. 全校任选课要求学生至少选 6 个学分 108 个学时的生命科学以外的其他学科课程，培养综合素质。

三、 强化生物与化工双基础实验教学和以双赢实习基地为平台创新实习教学的实践环节教学体系

现代素质教育要求高等教育通过各种教育实践活动，大力提高学生动手能力、实践能力和创新能力的培养，生物技术是由多学科交叉形成的理论与实践并重的新兴学科，实践教学是十分重要的教学环节。生物技术专业的实践环节教学体系由实验课程、实习课程、毕业论文（设计）组成。

1. 实验课程教学体系。实验课程立足两个基点，即强化化工和生物 2 个学科学生综合动手能力培养。在化工方面，以省级基础化学示范中心为平台，强化 4 大化学实验课程建设，同时，开设化工原理课程设计，加强对学生工程实践能力的训练，使学生具有明显化工知识优势。在生物科学方面，开设细胞生物学、遗传学、分子生物学、生物化学和微生物学等实验，使学生掌握生物技术基础实验技能，开拓创新能力。

2. 实习课程教学体系。实习课程包括认识实习、生产实习和毕业实习，建设双赢的校外实习基地为平台，全面提升实习教学质量，提高学生的实践能力和创新能力。生物技术专业是一门实践性很强的实验性学科，校外实习教学对培养学生的创新意识和实践能力具有特别重要的意义。高校扩招后，高校校外实习教学存在着实习基地难建、实习教学质量差等具体困难。其根本原因，是高校没有与校外企事业单位形成互利双赢的局面，校外实习教学对企业利益促进不大，企业对高校建设实习基地和支持基地实习教学缺乏内在动力。高校如果与校外企事业单位建立双赢的实习基地，积极为企业提供人才培养、产品开发、技术咨询、科学研究等方面服务，则企业积极性高，积极支持和参与高校校外实习教学，可较好解决实习基地难建和实习质量不高的矛盾，大幅提高实习教学质量以及学生的实践动手能力和创新能力。

3. 毕业论文（设计）教学体系。毕业论文（设计）在提高大部分学生在校内进行毕业论文（设计）质量的基础上，开拓校企共同培养毕业生进行毕业论文（设计）的工作，该工作在我校称为"宜化模式"，校企根据企业生产科研实际选题，共同指导毕业生，学生毕业论文（设计）质量高，这一模式得到了湖北省教育厅的表彰和推广。

四、参与式与探究式的教学内容与教学方法改革体系

1. 优化课程结构体系，更新和优化课程内容。建立适合化工特色生物技术人才培养机制的课程教学内容模式，除传授书本知识外，还应紧跟生物学科与化工学科发展前沿，传授最新信息和动态，提出本学科有争议的问题和领域，供学生自主学习和研讨，开拓学生的视野。

2. 注重教学方法改革，建立科学合理的教学改革体系。着重建立以学生为教学主体的、能培养学生终身学习能力与创新能力的、参与式和探究式的教学方法改革体系。参与式教学是激发学生主动参与课堂教学的一种新方式，它改变由教师讲、学生被动听、灌输填鸭式的传统教学模式，学生主动积极参与课堂教学，如主动提问、主动回答问题、上讲台演讲、参与课堂讨论等，大大提高学生主动学习热情。探究式教学是大幅提高学生学习效果和创新思维能力的一种新方式，它实现了由知识接受向知识探究的转变，学生在参与探究中获得知识，发展情感，所学知识记忆更持久，更具迁移性。探究式教学，采用情景探究、发现学习、开放性学习、合作学习、研讨式学习等方法，可极大地锻炼学生分析和解决问题的能力、创新思维能力以及终身学习能力。

3. 充分利用现代教育教学手段，提高课堂教学质量。充分利用多媒体、幻灯、投影仪等先进教学设备和手段进行课堂教学，提高教学效率和教学质量。在教学内容上，重点把握生命科学与生物化工和生物制药的有机融合，彰显化工知识体系特色。

五、以高校政治文明建设促进优良学风和优良育人环境形成的育人体系

高校的政治文明，最根本的就是要求师生具有较高的政治意识文明。政治意识主要包括政治思想、价值观念、民主意识、法律观念、政治舆论、政治认同感、自强不息的民族精神等。思想政治工作是高校政治文明建设的重要手段，通过学校民主政治建设，大力加强大学生思想政治工作，全面提高大学生政治修养、民主意识、参与学校管理和建设意识以及法制意识，形成优良学风和优良育人环境，把大学生培养教育成中国特色社会主义事业的建设者和接班人。主要育人体系包括如下：（1）加强政工队伍建设和组织领导。大力加强政治思想队伍建设，为大学生思想政治教育的开展提供坚强的组织保证，健全大学生思想政治教育的保障机制。（2）营造良好育人环境。努力营造加强和改进大学生思想政治教育的良好社会环境和学校环境。（3）发挥课堂育人主导作用。创造性地抓好思想政治理论课、哲学与社会科学课和其他各门课程建设，充分发挥课堂教学在教书育人中的主导作用。（4）建立实践育人机制。建立大学生社会实践保障体系，探索实践育人的长效机制。

参考文献

[1] 韩新才，熊艺，肖春桥，等.地方高校"生物+"创新性复合型生物技术专业人才培养的探索与实践 [J]. 高校生物学教学研究（电子版），2017，7（4）：26-29.

[2] 韩新才，王存文，喻发全，等.生物技术专业化工特色应用型人才教育体系的探索与实践 [J]. 化工高等教育，2013，（6）：1-4.

[3] 韩新才，户业丽，王存文，等.高校生物技术专业应用型人才培养机制创新 [J]. 武汉工程大学学报，2010，32（10）：39-43.

[4] 韩新才，潘志权，丁一刚，等.化工特色生物技术新专业人才培养模式探讨 [J]. 武汉工程大学学报，2007，29（5）：80-82.

[5] 教育部高等学校生物技术、生物工程类专业教学指导委员会.生物技术专业本科教学质量国家标准（征求意见稿）[J]. 高校生物学教学研究（电子版），2014，4（4）：3-7.

[6] 教育部高等学校生物科学与工程教学指导委员会.生物技术专业规范 [J]. 高校生物学教学研究（电子版），2012，2（1）：3-10.

[7] 廖可佳.就业导向的应用型专业教育体系改革初探——以石油工程专业为例 [J]. 长江师范学院学报，2012，28（4）：100-103.

[8] 朱常香，郭兴启，王芳.注重实践能力构建生物技术应用型创新人才培养体系 [J]. 高校生物学教学研究（电子版），2012，2（1）：16-19.

[9] 荚荣，尹若春.生物技术复合应用型人才培养模式的探索与实践 [J]. 生物学杂志，2013，30（1）：103-105.

[10] 邢朝斌，田喜凤，吴鹏，等.生物技术专业创新性实践教学体系的建立与实践 [J]. 高师理科学刊，2013，33（1）：107-110.

[11] 邓明顺，栾军红.生物技术专业课程体系建设与应用性技术人才培养 [J]. 黑龙江高教研究，2011，（5）：152-153.

[12] 吴海波，王利红，万晓文.健康保险专业应用型人才培养模式创新论 [J]. 安徽警官职业学院学报，2009，8（41）：5-8.

[13] 唐启群，肖本罗.论人才培养模式创新 [J]. 中国成人教育，2007，（12）：19-20.

[14] 王子贤，马国富，郭顺祥，等.实践教学与人才培养模式创新研究 [J]. 中国科教创新导刊，2009，（7）：29.

[15] 于林，郑成超，刘学春，等.生物技术专业人才培养模式的探讨 [J]. 高等农业教育，2001，（2）：29-30.

[16] 张莉娜，虞海珍，潘学松，等.高校实践教育管理存在的问题及对策浅议 [J]. 高等理科教育，2008，（5）：72-75.

[17] 李瑞芳.对生物技术专业人才培养模式的思考 [J]. 科教文汇，2007，10月上旬刊：62-63.

[18] 刘芳，张继和.关于人才培养模式创新的研究 [J]. 文教资料，2008，2月号中旬刊：159-160.

[19] 胡兴昌.生物技术专业建设的探索性研究 [J]. 上海师范大学学报（教育版），2003，32（3）：38-41.

[20] 张玉霞.我校生物技术专业建设管见 [J]. 赤峰学院学报（自然科学版），2005，21（1）：31-32.

[21] 曹军卫，杨复华，张翠华.生物技术专业建设的实践与探索 [J]. 微生物学通报，2002，29（2）：99-101.

[22] 李竞，黄伟，周国安，等.农业生物技术人才培养模式的创新与实践 [J]. 农业教育研究，2005，（3）：19-23.

[23] 龚明生，宋世俭.政思工作在高校政治文明建设中的作用 [J]. 武汉化工学院学报，2005，27（6）：40-42.

[24] 龚明生.对高校政治文明建设的几点思考 [J]. 学校党建与思想教育，2005，（12）：64-65.

注：该章内容是如下基金项目的研究成果。湖北省高等学校教学研究项目："构建化工特色生物技术专业人才培养模式的探讨与实践"（鄂教高 [2005] 20 号，项目编号：20050355）、"十一五"国家课题"我国高校应用型人才培养模式研究"的重点子项目"生物技术专业应用型人才培养机制创新研究"（FIB070335-A10-01）武汉工程大学校级教学研究项目（X2012018）、武汉工程大学校级教学研究项目："基于快乐教学人人成才理念的高校课堂教学改革研究"（项目编号：X2016019）等。

第二章

课堂教学方式方法改革研究与实践

第一节

"双一流"背景下高校课堂教学"一教二主三化"教学改革探索与实践

在"双一流"背景下,课堂教学改革是教育改革的重要内容之一。在高校课堂教学中,实施基于"快乐教学人人成才"理念的"一教二主三化"教学改革,是切实提高课堂教学质量和人才培养质量的有益探索和可行途径。"一教二主三化"即"关爱学生、因材施教;自主学习、自主考试;沉闷化为轻松、抽象化为具体、复杂化为简洁"。本节对"一教二主三化"课堂教学改革进行了探讨和实践,取得了较好的效果。

在国家建设一流大学和一流学科的"双一流"背景下,习近平总书记指出,"只有培养出一流人才的高校,才能成为世界一流大学",因此,"双一流"建设的核心和落脚点,在于人才培养质量,而人才培养的主渠道和重要阵地是课堂教学。课堂教学,是学生对专业知识理解与掌握的重要环节,是学生个性成长和全面发展的生命场域,是创新精彩生成、分享个人智慧、合作探究实践的过程。然而,在高校课堂教学的实践中,由于传统教学理念、教学方式方法、教学管理政策以及灌输式教学模式没有得到根本性改变,高校教学课堂,老师与学生双方,均缺乏教与学的快乐,教师照着教学课件 PPT 念,学生感到很沉闷和很无奈;与此同时,学生上课玩手机、开小差、打瞌睡、精神萎靡不振的情况也很普遍。高校课堂教学存在的不良现状,难以适应新时代"双一流"建设的要求,迫切需要在教学理念、教学方式方法以及教学管理政策等方面寻求新的突破与变革,打造"金课",消灭"水课",为不同类型的受教育者提供个性化、多样化、高质量的教育服务,促进学习者主动学习、释放潜能、全面发展。为了切实提高课堂教学质量和人才培养质量,让课堂教学"活起来"、学生"参与进来"、课堂教学质量"高起来",我们在近 20 年的生物技术专业本科课堂教学中,进行了基于"快乐教学人人成才"理念的"一教二主三化"的课堂教学改革探索与实践,取得了一定的效果,以期为我国高校课堂教学改革提供参考。

一、课堂教学"一教二主三化"教学改革的探索与实践

高等教育质量内涵发展转向关注学生的学习,是高等教育回归教育本质的必然诉求。快乐教学人人成才,是教育教学的美好愿景。为了从根本上改变高校课堂教学的不良状况,打造

"金课"，我们探索建立基于"快乐教学人人成才"理念的"一教二主三化"课堂教学改革创新体系，目的是：（1）给学生创设愉快、自由、轻松、主动的学习氛围，让快乐和欢笑充满课堂，使学生保持浓厚的学习兴趣；（2）系统培养学生个性发展、差异化发展和全面发展素质，提高自主学习、合作学习和终身学习能力；（3）充分挖掘和发挥每一个学生的潜能，让每个学生都有"人生出彩"的机会。通过教学改革，使高校教学课堂呈现出"师生关系融洽、师生智慧竞相绽放、全体学生人人出彩"的良好局面，切实促进课堂教学质量的内涵发展和人才培养质量的提升。

"一教二主三化"，即"关爱学生、因材施教；自主学习、自主考试；沉闷化为轻松、抽象化为具体、复杂化为简洁"。

1. "一教"——关爱学生、因材施教

"关爱学生、因材施教"，是课堂教学改革的基础。可以拉近老师与学生的距离，为学生参与教学、提高学习兴趣营造良好的环境。

爱因斯坦认为，兴趣是最好的老师。快乐教学，是从根本上抑制学生厌学的教学方法，教师教学要心情愉悦、热情高、态度好、引人入胜，要关心学生情感，激发学生学习兴趣，与学生建立平等友好师生关系，使教者教得轻松，学者学得愉快。

（1）关爱学生

爱是最崇高的语言，爱是春风化雨，爱是心灵的春天。教师关爱学生，是教师职业道德的本质要求，是教育回归本质回归初心的必然选择。有爱心不会孤独，有爱心的老师，会得到学生的真心尊重，会激发学生学习兴趣和参与课堂教学的积极性。每一个学生，都是有着鲜明特质和个性的生命个体，每个人的学习情况、家庭经济状况、身体素质和智力品德等各不相同，要根据学生的不同情况，关心帮助每一个学生，尊重善待每一个学生，特别要关心帮助学习困难、生活困难和心理困难的学生，让他们健康快乐成长。在课堂教学中，不仅关注学习成绩好的学生，而且要鼓励成绩差的学生积极参与课堂教学，如回答问题、课堂讨论等，对学生一视同仁，使每一个学生都得到尊重和激励。例如：某同学大学一年级有六七门功课不及格，经常旷课，通过谈心，教师了解其家庭和个人情况后，积极做好其思想工作并提供所需的帮助，使该同学学习成绩得到了明显改变，后来没有1门挂科，并于2018年顺利毕业。此外，教师在资助困难学生、辅导学生考研、推荐学生就业与勤工俭学等多方面，真心为学生提供帮助，得到了学生的真心尊重，拥有了相当多的学生粉丝，也得到了学校的表彰，多次被评为学校"优秀共产党员"和"优秀党务工作者"等荣誉称号。

（2）因材施教

每个学生的爱好、智力、性格等各不相同，在教学中，要根据学生的个体差异，采取有针对性的措施，因材施教，提高教学水平和育人质量。我校在小班化教学、个性化答疑和辅导、兴趣化实习实践、老师坐班制和科研导师制等方面，采取切实措施，对学生进行差异化教学和个性化辅导，促使每一个学生学有所成，人人出彩，让每一个学生都体验成功的"快乐"。例如：我校生物技术专业课堂教学，均是20多人的小班教学；专业全体老师均采取坐班制，随

时为学生提供个性化答疑和辅导；每年暑期，学生成立 10 多人的兴趣小组，专业老师带队到武汉光谷生物城高新技术企业进行勤工俭学和社会实习实践；此外，在学生课外学科竞赛、毕业设计论文、科研训练等方面，按照学生兴趣，采取师生双向选择的方式，实施学生科研导师制，提高学生科研素质和能力。这些举措，贯彻因材施教思想，取得了较好的效果，得到了学生的支持和认可。

2. "二主"——自主学习、自主考试

"自主学习、自主考试"，是课堂教学改革的动力，可以真正发挥学生在课堂教学中的主体地位，使学生快乐学习，个性化发展。

自主学习、自主考试，不是在课堂上放任自由、混光阴，而是遵循教育规律，用先进的教学理念和手段，更好地激励学生，减轻学生学习压力，有计划、有步骤、有目的、科学有序地开展教学，形象深刻地教育指导学生，教学相长，真正提高教学质量。

(1) 自主学习

老师既是知识的传授者，又是学生学习的引导者，学生既是知识的接受者，又是知识信息加工的主体。通过学生上讲台、学生自由讨论、学生小组学习、学生撰写章节小论文和制作 PPT 课件等"自主学习"方式，可以让学生真正参与课堂教学，提高学生学习自觉性和课堂教学效果。例如：我们在课堂教学中，将班级学生分为 3 个自主学习小组，小组学习具有竞争性，教师根据小组表现，评定自主学习成绩。课前，小组集体预习课文，或制作课件 PPT，或提出章节学习重点以及要探讨的问题等；课中，拿出一部分时间由学生自己主持课堂教学，或上讲台讲课，或小组相互提问相互回答，或提出争议的问题自由讨论等，教学课堂非常活跃，学生自主学习展现的创新性学习成果，也对老师的知识更新与教学提高，起到了较好的促进作用，真正实现师生的"教学相长"。然后，老师根据课堂改革成果，进行归纳总结，解惑释疑，提出需要继续探讨的问题和前沿发展方向，增强学生获得感；课后，学生完成课堂作业或撰写章节小论文，完成章节重点知识的归纳总结。自主学习，提高了学生学习的积极性、主动性和创造性。

(2) 自主考试

我校的自主考试，在学校认定的校级考试改革示范课程《细胞工程》和《植物生物学》等中实施，然后推广。采用的是"学生自己出卷子"的考试方式，即改革传统的老师出卷的闭卷考试机制，改由每一个学生独立自主地在考试周，开卷出一套 120 分钟的考试标准试卷，并给出自己的答案和依据。老师根据学生自主出卷和答案质量，评定考试成绩。学生根据自己对课程内容掌握的情况，并以自己的眼光，标定重点和难点，来出试卷题目并解答，丰富了学生成绩评价机制，减轻了学生学习压力，可以使学生在课堂教学和平时学习时，更加轻松愉快和系统地学习掌握知识，而不是被动地学习掌握老师讲授的要考试的"重点"，彰显学生个性化发展，利于人人出彩和人人成才。

为了保障考试改革的质量，确保改革取得成功和实效。一是精心组织，出台考试改革实施方案；二是对"学生自己出卷子"考试的情况，进行规范，对学生所出试卷的知识覆盖课程内容情

况、试卷题目类型、试卷题目和答案的正确性与创新性、试卷规范性，以及独立完成情况等，提出明确要求，确保考试公平公正进行。三是结合考试改革，加强学生平时成绩比重，将学生平时的真实学习情况，如考勤、作业、笔记、课堂表现等，按 40% 纳入总评成绩，促进学生重视平时学习。而学生出卷子的期末考试成绩只占 60%。

我校生物技术专业考试改革，从 2012 年开始以来一直在进行，分别在植物生物学、微生物学、细胞工程、基因工程等多门课程实施，改革有详细的实施方案、有规范的实施措施、有师生的积极参与，改革效果显著，得到了学生和学校的好评和支持，《细胞工程》和《植物生物学》等被学校认定为校级课程综合改革项目考试改革示范课程。

3. "三化"——沉闷化为轻松、抽象化为具体、复杂化为简洁

"沉闷化为轻松、抽象化为具体、复杂化为简洁"，是课堂教学改革的核心。可以使课堂教学轻松快乐、简单明了、容易掌握，提高课堂教学质量。

(1) 沉闷化为轻松

活跃课堂气氛，吸引学生注意力，营造快乐教学的课堂环境。科学化、形象化、富有知识性、趣味性、生动性的教学，能够活跃课堂教学气氛，感染和吸引学生，使学生保持浓厚的学习兴趣。在课间穿插几分钟时间，通过讲故事、作诗、生活经验分享、科学家的花絮等，把幽默带进课堂，营造快乐教学课堂氛围，构建和谐师生关系，提高学生学习兴趣，同时也起到了教书育人的作用。例如，2017 届生物技术专业学生毕业时，给专业老师每人赠诗一首，给作者的诗是"鲁巷堂开皆物华，路人道是韩公家。令公桃李满天下，何须堂前更种花"。作者回赠了一首《桃李》诗，赠送给同学们"华星秋月映桃李，景星凤凰满园春。今日放飞堂前燕，拭目天宝景更深"。课堂小"花絮"，使课堂生动有趣，得到学生普遍好评，也为课堂教学质量提高，营造了宽松和谐的快乐环境。

将高校思政教育和人文素养培养融入课堂教学，能够将"沉闷化为轻松"，形成课堂育人新气象。"双一流"背景下的大学教育，要求高校人才培养目标，要从知识能力的提升，拓展到人格素养和精神信仰的升华。大学生成才，不仅要求专业教育能够培养其为社会服务的能力，而且要求对其进行人文素质培养，加强学生为社会服务的动机与精神的教育。通过将专业知识传授，与人文素养培养和思想道德教育相结合，让学生树立热爱国家、服务社会的价值观念，强化学习动机、提高学习动力、增强服务能力，培养具有良好思想道德品质、科学文化知识、人文情怀和爱国精神的国家建设有用人才。

我们在课堂教学中，结合专业知识传授，进行悠久历史文化和诗词歌赋的花絮点评、社会主义核心价值观和党新时代新思想的传播弘扬，分享生命故事和人生感悟，对学生进行健全人格和知识教育，在轻松快乐的氛围中，促进学生品德、智力、个性全面发展，让课堂充满吸引力，展现新气象，充满正能量，谱写育人新篇章。

(2) 抽象化为具体

把抽象的理论和知识转化为具体形象的概念，有利于学生理解掌握。在课堂教学中，精简教学内容，列举产业实例，灵活应用多媒体手段，推广应用慕课、微课、翻转课堂教学等，运用多

种教学模式和方法，使抽象理论和技术化为具体生动事例，使学生掌握知识更直观更牢固。例如：在课堂教学中，我们通过比喻、模拟、仿真虚拟等教学手段，采用"传统板书"结合"多媒体教学"结合"老师总结"的"三结合"教学方法，获得良好的教学效果。

"双一流"背景下的课堂教学改革，就是要革除当下知识本位、教师主体、教室局限的弊端。学习场域，从有限场突破到无限场；成长空间，从教室拓展到社会空间；教育价值，从知识场拓展到生命场。高校专业实习与毕业设计论文，虽然不是"教室课堂教学"模式，但是，这类实践教学环节，显然是课堂教学改革的重要组成部分。为此，我们改革专业实习和毕业设计论文实践教学模式，在武汉光谷生物城高新技术企业，专业实习实施"一岗二同三边（顶岗实习、同吃同住、边劳动边学习边实践）"教学改革，毕业设计论文实施"333工程（三方三真三合：产学研三方、真题真做真项目、生物化工医药三结合）"，这些改革新措施，将理论知识与产业实践有机结合，把抽象的理论和知识转化为具体形象的产业实际概念，给学生留下深刻印象，大幅度提高了学生专业素养以及理论与实践结合的素质与能力。

（3）复杂化为简洁

将复杂的知识简单化，去粗取精，去伪存真，强化知识点学习，利于学生掌握和记忆，将知识真正变成学生的素质，使教学变得简单明了，使学生掌握知识变得轻松。对于复杂的理论和技术，采用情景探究、合作学习、研讨式学习等方法，师生共同努力，提纲挈领，归纳总结，以最精简的语言来掌握知识点，可极大地提高学生分析和解决问题的能力、创新思维能力以及终身学习能力。除传授书本知识外，还应紧跟学科发展前沿，传授最新信息和动态，提出学科有争议的问题和领域，供学生自主学习和研讨，开拓学生的视野。例如：植物的根、茎、叶等器官的解剖结构非常复杂，不仅植物不同时结构不同，而且有的植物还分初生结构和次生结构，这些都是学生学习植物学的难点。但是，植物的各种器官的解剖结构，都包含有3种基本组织，即皮组织、薄壁组织、维管组织，在此3种组织系统基础上，差异掌握根、茎、叶等器官区别，学习就会变得非常轻松和简洁。

二、课堂教学"一教二主三化"教学改革的实践效果

全方位多领域进行基于"快乐教学人人成才"理念的"一教二主三化"课堂教学改革，成效显著，有力地提高了人才培养质量。

1. 学生的支持与评价

课堂教学改革模式创新，得到了学生的积极支持和高度评价。学生章鹏评价道：认识到一位热情洋溢、饱含激情的老师，韩老师上课活泼有趣，课前几分钟，老师往往会用有意思的诗作或故事吸引我们，等我们都集中精力了，再开始讲课，这大大提高了课堂效率，课堂上，老师不仅只放PPT，还会述以故事、辅以图片乃至在黑板上给我们画图，让我们能够很轻松快乐掌握知识。老师致力于教书育人，这种精神很鼓舞我们。瞿蕾同学评价说：课改方式新颖，能够加强学生自主学习自主创新的能力，老师的课堂志在以学生为本，强调快乐学习，在学习过程中，加强学生的人文素养。老师课堂教学模式，是以老师教学、学生自主讨论、学生记笔记、学生上讲台自主讲解，最终以学生出一套有学术含量的试卷，作为结课考试的。这种模式

能够让学生站在新的角度去学习，很值得提倡和推广。此外，课堂教学改革，大幅度提高了学生学习成绩和课堂教学质量，也得到了学生的大力支持。例如，2017年参加课改的生物技术专业《植物生物学》学生成绩为：平均分86.71；最高分98；最低分75；90分以上占41.67％；80～89分占54.17％；70～79分占4.17％；60～69分占0％；60分以下占0％。比没有参加课改的班级成绩有显著提高，班级平均分增加了12.08分。2011年没有参加课改的学生成绩为：平均分74.63；最高分98；最低分50；90分以上占21.05％；80～89分占36.84％；70～79分占15.79％；60～69分占10.53％；60分以下占15.79％。学生的高度认可和大力支持，是课堂教学改革能够长期坚持和不断完善的强大基础和动力源泉，必将促进课堂教学改革不断适应新时代要求，为高校内涵发展和培养社会主义建设者和接班人作出更大贡献。

2. 学校和社会认可

课堂教学改革经验突出，得到了学校和社会认可。一是韩新才教授主讲的本科课程《植物生物学》和《细胞工程》被学校评定为"武汉工程大学校级课程综合改革课程"。二是教学改革成果，2016年10月通过了湖北省教育厅组织的省级教学研究成果鉴定（鄂教高鉴字［2016］030号），2018年荣获武汉工程大学校级教学成果一等奖。三是教学改革经验，分别在2017年全国"第十二届高校生命科学课程报告论坛"上，作分组交流报告；2016年在湖北省高校生命科学学院联合会暨生物学科实验教学示范中心联席会上，做大会交流报告。其教改经验得到与会代表的高度评价。

3. 提高了人才培养质量

课堂教学改革成果显著，有力提高了人才培养质量。以我校2018届生物技术专业01班取得的创新成绩为例，说明人才培养质量。该班共有学生23人，其学生入校时，存在着专业思想不牢固、专业认可低、高考成绩低、学习成绩差等问题，通过四年培养，大幅度提高了该班学生的培养质量与专业认可度。该班，一是学习成绩好。瞿蕾、黄倩2个学生荣获国家奖学金，获奖比率为8.7％；刘小红等3个学生荣获国家励志奖学金；黄倩等2人荣获武汉工程大学2018届优秀毕业生。二是创新能力强。胡明慧同学荣获国家专利1项；瞿蕾、胡明慧2人分别荣获湖北省省级学科竞赛三等奖。三是政治素质高。王文生、柳玉婷等5人光荣加入党组织，入党比率为21.7％；2人荣获校级三好学生标兵；3人荣获校级优秀学生干部。四是考研率、就业率高。该班考研率为35％，一个寝室的6个女生全部考上重点大学分别是武汉大学、华中科技大学、浙江大学、中国科技大学、中国科学院和日本北海道大学的研究生；就业率为100％。

三、课堂教学"一教二主三化"教学改革的探索与实践的意义

新时代的高等教育，注重"一流本科、一流专业、一流人才"，是高校回归教育教学初心的必然要求，课堂教学是"三个一流"的核心环节之一，打造"金课"，消灭"水课"，开展"课堂革命"，是新时代高等教育内涵发展和高等教育现代化的迫切需求。真正地采取切实有效的措施，开展课堂教学改革创新，提高课堂教学质量和人才培养质量，是全社会殷切期望的。通过近20

年的探索与实践，我们开展的"一教二主三化"课堂教学改革，充满正能量和创新思维，提高了学生学习兴趣，得到了学生的广泛参与与普遍好评，课堂没有"迟到早退和旷课"、没有"低头族"、没有"打瞌睡"、经常有外校和外专业的学生来"蹭课"，大幅度提高了课堂教学效率和人才培养质量。这些课堂教学改革，对发挥课堂教学中教师的主导作用和学生的主体地位，提高师生的教学兴趣、积极性、主动性和参与度，真正地打造学生喜爱的"金课"，真正地提高课堂教学质量，真正地促进高等教育内涵发展，是一个有益的探索，具有一定的理论价值、实践价值和示范推广借鉴价值。

| 第二节 |

"双一流"背景下高校课堂快乐教学
人人成才的教学改革探讨

在"双一流"背景下，课堂教学改革是教育改革的重要内容。高校课堂实施"快乐教学人人成才"的教学改革，是切实提高课堂教学质量和人才培养质量的重要措施之一。本节对"快乐教学人人成才"的教学改革的内涵、研究现状、创新思路进行了探讨，为高校课堂教学改革提供参考。

建设世界一流大学和一流学科，简称"双一流"，是国家为了提升我国高等教育综合实力和国际竞争力以及实现高等教育现代化而作出的重大战略决策。2015 年国务院印发了《统筹推进世界一流大学和一流学科建设总体方案》，拉开了高校"双一流"建设大幕。"双一流"的落脚点和核心，在于提高育人水平和培养一流人才，而育人水平的提升，直接取决于教师的"教"和学生的"学"，没有高质量的课堂教学，就没有高质量的高等教育，也就没有高等教育的现代化。课堂教学，是学生对专业知识理解与掌握的重要环节，是学生个性成长和全面发展的生命场域，是创新精彩生成、分享个人智慧、合作探究实践的过程。然而，在课堂教学的实践中，由于教学内容、教学方式方法与教学理念等方面存在一些问题，使得高校教学课堂，存在着无聊与无趣的不良情况，老师与学生双方，因为缺乏"教"与"学"的快乐，导致"师厌教、生厌学、教学差"的不良状况，在高校也是不争的事实。良好的课堂教学质量，要求在教学理念和教学方式方法等方面，寻求新的突破与变革，殷切期待"课堂革命"的到来。2017 年教育部长陈宝生在人民日报撰文对教学提出了要求，他指出，要始终坚持以学习者为中心，为不同类型的受教育者提供个性化、多样化、高质量的教育服务，促进学习者主动学习、释放潜能、全面发展。在"双一流"背景下，实施"快乐教学人人成才"的课堂教学改革，是促进学生主动学习全面发展和提高课堂教学质量的有益探索和可行途径，对让课堂教学"活起来"、学生"参与进来"、课堂教学质量"高起来"具有重要的实践意义，为此，论文对"快乐教学人人成才"的教学改革的内涵、研究现状、创新思路进行了探讨，以期为高校课堂教学改革提供参考。

一、高校课堂"快乐教学人人成才"的教学改革的内涵

"快乐教学"，是指运用适应学生特点的教学方法和手段，调动师生两者教学积极性，使教师乐教、学生乐学的教学方法。就是运用学生喜闻乐见的教学形式，营造一种快乐的课堂气氛，对

学生进行文化知识、道德观念等方面的传导和教育，让他们在愉快中受教育，求得知识，在快乐中求发展，在发展中享受快乐。

"人人成才"，即努力让每一个学生都能得到充分、自由、全面的发展，都成为有用之才。《国家中长期教育改革和发展规划纲要（2010—2020年）》中明确提出，教育要树立人人成才的培养观念。习近平总书记在庆祝中国共产党成立95周年大会上指出，要努力形成人人渴望成才、人人努力成才、人人皆可成才、人人尽展其才的良好局面。"人人成才"的观念，既符合马克思主义唯物史观，又符合国家全面建设小康社会的客观需要，既是学生和家长的理想，也是社会发展的需要，更是高校本科教学的愿景。

快乐是一种心理体验，是人类情绪中重要的、积极的、正确的情绪。人在快乐状态，工作效率和质量最高。给学生一个足够的空间，充分挖掘学生的潜力，让学生在快乐中学习、自主学习、自由发挥，有利于学生的个性发展和培养，有利于人人成才。中国教育梦的核心是"有教无类、因材施教、终身学习、人人成才"。就高等教育而言，如何促使学生"梦想成真""人生出彩""人人成才"，是当下提升高校教学质量的应有之义。"人人成才"的标志是学生服务社会的能力和毕业证书的含金量，迫切需要通过教学改革，让所有学生的潜力得到尽可能地挖掘与发挥。

二、高校课堂"快乐教学人人成才"的教学改革研究现状和趋势

"快乐教学人人成才"，是教育教学的最高境界。关于"快乐教学人人成才"的教育教学理念，自古有之。早在2000多年前春秋时期，孔子就提出了"学而时习之，不亦说乎？""知之者不如好之者，好之者不如乐之者"和"有教无类"等"快乐教学人人成才"的教育理念。1854年英国教育家斯宾塞也提出了"快乐教育"的思想。目前，快乐教学法在中小学教育中推广较为广泛，作为教育教学的科学理念，同样适合大学教学课堂。

基于"快乐教学人人成才理念"的高校课堂教学改革，国内高校进行了一定的探索与实践。关于"快乐教学"，主要是人文科学类专业与课程，如旅游、广告学、体育、英语、营销学等；理工科类专业和课程，有关快乐教学的资料相对较少，孔继利（2010年）发表了基于快乐教学的物流类专业课堂教学研究。关于"人人成才"理念的课堂教学研究，曹晋红（2011年）、郑志辉（2014年）等，发表了相关报告。

在2016年的国际论坛上，主题聚焦于"学生·教师·课堂"这三个关键词，再次明确提高教学质量，需要教师和学生共同发力，构建活泼生动上进的师生学习共同体。日本京都大学培养了9位诺贝尔奖得主，当之无愧为世界一流大学，其学位制度极其严格，但是，在办学实践中，力求给学生最大弹性空间，上课没有"点名"，大量课程没有"考试"，这种"散养"和"放养"，并不是放任自由，而是给了教师静心治学、全心育人和学生安心求学、快乐成才的良好氛围。而这种氛围更加有利于学生快乐学习人人成才，也是课堂教学改革的发展方向和趋势之一。

关于基于"快乐教学人人成才"理念的高校课堂教学改革的系统研究与实践，以及采取切实有效的政策和措施使大学课堂"活起来"和大学课堂教学质量"高起来"，是我国高等教育现代化的殷切希望，尚需要进一步研究与实践。

三、高校课堂"快乐教学人人成才"教学改革的创新思路

高等教育质量内涵发展，转向关注学生的学习，是高等教育回归教育本质的必然诉求。建立

基于快乐教学人人成才理念的课堂教学改革创新体系，是从根本上改变传统灌输式教学模式导致的"师厌教、生厌学、教学差"的不良课堂教学状况的有益探索和可行途径，对提高我国高校课堂教学活力与人才培养质量，具有重要的理论意义和实践价值；改革传统的课堂教学模式，探讨与实施快乐教学的方式、方法、手段与措施，让快乐和欢笑充满课堂，给学生创设愉快、自由、主动的学习氛围，使学生保持浓厚的学习兴趣，对让大学课堂教学"活起来"和课堂教学质量"高起来"具有重要的示范作用；改革考试方法与学生成绩评价机制，系统培养学生个性发展、差异化发展和全面发展素质以及自主学习、合作学习和终身学习能力，充分挖掘和发挥每一个学生的潜能，让每个学生都有"人生出彩"的机会，对提高大学生服务社会素质能力具有重要的实践意义。

（一）以"快乐教学人人成才"为理念，以提高大学课堂教学质量为核心，将"快乐教学人人成才"理念纳入高校课堂教学质量提高工程

将因材施教、考试改革、思政与人文素质培养等根植于课堂教学中，全方位、多领域、深内涵地打造精品课程与精品课堂，构建高校课堂教学的改革创新模式，解决高校教学存在的"师厌教、生厌学、教学差"的课堂教学难点问题。根据大学课堂教学特点，探讨课堂教学中，营造快乐教学课堂氛围、构建和谐师生关系、提高学生学习兴趣的方式、方法与措施，将"快乐教学人人成才"理念，纳入高校课堂教学质量提高工程，贯穿于人才培养全过程。

（二）以"快乐教学"为导向，形成让高校课堂教学"活起来"、课堂教学质量"高起来"的教学方式方法与手段的创新体系

实施课堂"快乐教学"模式，解决高校课堂教学死气沉沉以及课堂教学内涵发展的问题。改革课堂教学模式和教学内容与教学方式方法，通过讲故事、作诗、生活经验分享等，把幽默带进课堂，营造快乐教学氛围；以激发学生学习兴趣为目的，端正教学态度、改革教学方法、精简教学内容、灵活应用多媒体教学、推广慕课、微课、翻转课堂教学，积极组织学生参与课堂教学等，提高课堂教学质量；在课堂教学中，实施"一教二主三化"课堂教学改革，即"关爱学生、因材施教；自主学习、自主考试；沉闷化为轻松、抽象化为具体、复杂化为简洁"，使学生在轻松愉快氛围中掌握知识，切实提高课堂教学质量以及学生的分析问题、解决问题的实际能力与素质。

（三）以"因材施教"为手段，加强考试改革，构建能够让大学生"人人出彩"的学生成绩考核评价创新机制

现行的学生评价，教师是评价的单一主体，学生始终处于被动接受评价的地位，无法作为评价主体介入到对自我的评价中，学生在评价中的缺位必然导致成功体验的缺失，进而导致学生学习动机的丧失，按照全面发展、人人成才、多样化人才、终身学习和系统培养教育教学理念，充分发挥学生的教学主体地位，关爱困难学生与因材施教相融合，创新考试改革与学生成绩评价体系，将学生学习态度、学习过程、学习参与、学习能力纳入评价体系，实施"学生自己出卷子"的自主考试改革，解决高校学生成绩评价与人才培养机制单一、不利于学生人人成才与个性化发展的问题。突出因材施教与学生个性化发展、突出知识的理解掌握应用与实践能力、突出解决学生学习困难并发挥其优势、突出关爱困难学生与彰显教师大爱情怀，达到人人成才目的，使高校教学课堂呈现出"师生关系融合、师生智慧竞相绽放、全体学生人人出彩"的良好局面。

（四）以"教书育人"为目标，在课堂教学中，将高校思想政治教育融入课堂教学，将专业知识传授与人文素养培养相结合，实施课堂思政教育和人文素质培养促进学生综合能力提升的创新举措。

充分发挥课堂育人作用，探讨高校课堂将思想政治教育、人文精神培养、道德品质塑造与核心价值观践行，与课堂教学相互融合、相互促进的方法与机制，大幅度提高学生思想道德素质、文化素质、社会责任感、劳动观念和社会实践能力，达到教书育人、以德树人、课堂育人的目的。充分发挥高校课堂思想政治教育优势，促使大学生形成良好的思想道德品质和强烈的事业心，提高大学生服务社会与国家政治思想素质与能力，解决高校课堂教学跟学生思想道德教育和人文素质培养相脱节的问题，培养具有良好思想道德品质、科学文化知识、人文情怀和爱国精神的国家建设有用人才。

| 第三节 |

高校生物技术专业教学方法改革探索与实践

根据现代教育理念和生物化工学科生物技术专业特点，在生物技术专业教学方法改革中，进行了利用教学课堂，坚持教书育人；更新教案内容，紧跟学科发展前沿；结合实际讲解基本概念，加深学生对核心知识理解；改革课堂教学模式，引导学生参与互动；加强理论与实践教学融合，培养学生创新能力等方面的改革与实践。为我国生物化工学科生物技术专业教学方法改革提供参考。

自 1999 年我国高校开始连续扩招以来，我国高等教育规模不断扩大，大学教学已经从精英教育转为大众教育，高等教育改革与发展被提到了举足轻重的地位，教学质量成为社会广泛关注和高度重视的问题，教学改革已成为高等教育改革的核心。从 1997 年教育部正式批准建立生物技术专业至今，全国高校生物技术专业无论从办学点还是从招生人数上都得到了巨大的发展，高等学校如何结合自身优势，创新人才培养模式与途径，改革教学理念与教学方法，培养社会需要的创新型合格人才，是摆在高等学校生物技术专业改革与发展面前的一个重要课题。武汉工程大学生物技术专业是从 2003 年开始招生的新办本科专业，作者根据教育部生物化工学科特点和生物技术专业建设要求以及多年教学实践，在负责建设生物技术新专业的同时，开展了新的教学方法的改革探讨与实践，取得了较好的教学效果。

一、利用教学课堂，坚持教书育人，激发学生的学习热情

课堂是学校教学最基本的要素，是大学教与学过程实现的场所。课堂教学是高等学校人才培养的主要阵地，传道、授业、解惑，以及人才培养计划和教学计划的完成，主要靠课堂教学，同时，课堂也是育人的主渠道。2004 年中共中央、国务院《关于进一步加强和改进大学生思想政治教育的意见》中明确指出，高等学校各门课程都具有育人功能，所有教师都负有育人职责。要深入发掘各类课程的思想政治教育资源，在传授专业知识过程中加强思想政治教育，使学生在学习科学文化过程中，自觉加强思想道德修养，提高政治觉悟。

在教学过程中，每次课前 5 分钟，由于学生思想还没有集中在课堂上，课堂上很嘈杂，这样，不急于马上进入上课程序，而是针对上次课或作业情况做一些总结，同时，根据大学生心理特点讲一些故事，启发学生珍惜大学宝贵时间，刻苦攻读，全面发展，早日成为新世纪国家栋梁之材，这样，很快就会使课堂安静，进入授课阶段。由于生物技术专业是我国新开设的新专业，

我国生物化工学科与生物技术高新产业的发展还比不上发达国家，生物技术专业学生就业形势压力较大，部分学生对学习这个专业的前途感到茫然，产生厌学情绪，为了解决部分学生的思想问题，在课堂上，讲述了生物技术专业与国民经济息息相关的一系列例证，启发学生打牢专业思想，热爱所学专业，并用微软总裁比尔·盖茨的一句名言"21世纪的世界首富将出自基因领域"来勉励大家，生物技术专业与生物化工、生物制药等高科技产业紧密结合，其前途是无量的。这样，一方面将学生的注意力吸引到课堂上来，另一方面学生受到启发后，注意力高度集中，学习热情高涨。此外，根据课堂情况和教学内容，适当讲述一些科学家的故事，引导学生树立献身科学的崇高理想。注重课堂教书育人，反过来又促进了课堂教学效果提高，学生喜欢上课，到课率高达97%以上。

二、更新教案内容，紧跟学科发展前沿，提高课堂教学质量

在科技飞速发展，知识成几何级数增加的今天，大学教材呈现的知识水平肯定会出现滞后现象，教学内容不应该完全按课本进行，除了介绍老师个人的科研成果外，更重要的是要跟上本学科发展前沿，既依据教材又跳出教材，传授学科最新的信息和发展动态，提出有争议的问题由学生讨论，确保教学内容的前沿性。

生物技术是生命科学的前沿和尖端学科，发展日新月异，新发展、新技术、新成果层出不穷，要求我们不断更新知识，才能紧跟前沿。将这些新知识重组进入教案，课堂上传授给学生，可促进教学质量的提高。例如，讲达尔文生物进化论，达尔文认为现代生物是从古代生物逐渐适应环境进化而来的，适者生存，不适者淘汰。这一学说，已家喻户晓。现在这一学说得到了丰富和发展。2003年我国国家自然科学一等奖"澄江化石群和寒武纪大爆发"，就是丰富和发展达尔文生物进化论学说的最新科研成果，我国科学家陈均远、侯先光、舒德干在研究云南澄江古生物化石时，发现距今5.3亿年前的寒武纪澄江大爆发时，古生物化石中既有最原始的单细胞原生动物，又有最高级的脊椎动物，动物种类一应俱全。这个发现证明，现在地球上生活的多种多样的动物门类，寒武纪开始不久就几乎同时出现，其基本身体构造均开始出现于寒武纪大爆发时期。将这一最新成果讲给学生听，加深了学生对生物进化的理解。此外，在上"生命科学导论"课时，除将生命科学的基本理论、基本概念、基本方法传授给学生外，还将生物化工、生物制药等高科技产业中的新知识、新技术、新设备介绍给学生，丰富学生的视野。根据教学内容，适时将人类基因组计划、生物克隆、基因芯片、蛋白质工程及新型生化反应器等新进展介绍给学生，让学生参与探究与讨论。

三、注重基本概念讲解，紧密结合实际，加深学生对核心知识的理解

在有限的课堂教学时间内，要完成课程教学任务，必须合理安排教学内容和教学重点，将教学内容分类传授，课程内容分为核心内容、重点内容和一般内容。核心内容包括基本概念、基本方法和基本原理，以及新知识、新技术和新设备，要重点讲授；重点内容，简单讲解；一般内容，学生自学。在核心内容，特别是基本概念讲解上，紧密结合实际，加深学生理解与记忆，切实提高教学效果。

例如，讲"生物浓缩"，其概念是生物对某种元素或难溶解的化合物富集，使生物中这些物质的浓度超过环境中的现象。讲生物对元素的富集，举例：日本九州鹿儿岛水俣市1953年发生

一种病叫"水俣病"，症状是，猫得病后尖叫不止，而且集体投河而死；人得病后骨头疼痛难忍。后来发现这种疾病是"汞中毒"，即生物富集汞元素所致。讲生物对难分解化合物富集，举例：六六六粉为一种高效杀虫剂，1825 年由英国物理学家和化学家 M. 法拉第首次合成，之后，法国 A. 迪皮尔等发现其具有杀虫特性，1945 年由英国卜内门化学工业公司开始投产，该农药为人类防治农林卫生害虫立下了汗马功劳，1983 年我国因该化合物在自然环境中难分解，以及由于生物富集导致人体癌症等疾病而停产禁用。结合实际举例后，学生对这一概念非常深地印在了脑海里。

在上"生物化学"课时，讲蛋白质折叠时，以疯牛病为例，该病发生的原因是一种蛋白质折叠错误，该蛋白质与体内某种正常蛋白质的氨基酸顺序相同，是同一种基因所编码，但两者三维结构却相差很大，因此，由蛋白质折叠错误引起的疾病称为构象病。通过疯牛病发生机理的阐述，既增加学生对生物化学学习的兴趣，又可以加深学生对蛋白质结构与功能的认识。

四、改革课堂教学模式，引导学生参与互动，强化学生在教学过程中的主体地位

传统的课堂教学是老师讲，学生听；老师板书，学生做笔记。这样，学生学习处于被动和被灌输的状态，忽视了学生独立思考能力的培养，学生感受不到获得知识的快乐，学习积极性不高。现代高等教育的教育和教学理念，要求改变传统灌输式教学方式，将老师的主体地位替换成学生为教学的主体地位，充分发挥学生在教学中的主观能动性；教学重点除了传授知识外，还要培养学生能力，培养学生自学能力、终身学习能力、创新能力，以及分析和解决问题的能力，让学生学会学习，学会生存，学会创新。

为了改变传统教学模式，引导学生参与互动，在"动物生物学"和"基因工程"课堂教学中，进行了尝试。在上"动物生物学"课时，将第 14 章"鸟纲和哺乳纲"的内容由学生来讲授，讲课学生由各小组学生预习后推荐而成，由学生参加讲课的课堂教学，学生积极性高，教学互动效果好，加深了学生对课程内容的理解。根据学生讲课情况，老师最后拾遗补漏，提出重点应掌握的内容，课后布置作业为该章内容的 500 字左右的小论文。这种教学方法改革，活跃了课堂教学气氛，激发了学生学习热情，形成教学环节的良性互动，学生学到了知识，增长了才干，教学效果受到学生好评。在上"基因工程"课时，进行了学生"合作型学习"的教学改革，教改内容为第 5 章的"目的基因导入受体细胞"。本章有 3 节内容，将班级同学分为 3 个组，每个组分别负责 1 节内容。在课前准备时，每小组分别提出该章节应掌握的问题，并备有明确答案；在上课时，第 1 组同学提出问题由第 2 组同学回答，第 2 组同学提出问题由第 3 组同学回答，第 3 组同学提出问题由第 1 组同学回答。如果回答正确，鼓掌通过，进入下一个问题；如果回答不正确或不完整，可以由出题人说出正确答案，也可以由其他同学补充完整。这种教学改革，同学课前预习充分，课堂教学热烈，课堂时间利用十分充分，学生参与率高达 95%，仅该章学生所提的问题就多达 50 个，这种教学改革，充分调动了学生学习的积极性，受到学生的热烈欢迎。

五、加强理论教学与实践教学的融合，着力培养学生的实践能力与创新能力

现代素质教育就是要通过各种教育实践活动，最大限度地挖掘和培养学生的素质和潜能，培养学生的实践能力、创造意识和创新能力。生物技术是在现代分子生物学等生命科学的基础上，结合了化学、化学工程学、数学、微电子技术、计算机科学等尖端基础学科而形成的一门多学科

交叉融合的理论与实践并重的综合性学科，理论与实践相融合是十分重要的教学环节，对培养现代生物技术人才具有特别重要的意义。在生物技术专业课堂教学中进行了理论课与实践课相融合教学方法的探讨，取得了有一定价值的经验。例如，上"植物生物学"课程时，讲述各类植物的分类，讲理论课时学生只是有初步印象，但仍觉得掌握不牢，为此，我们利用课堂教学将学生带到中科院武汉植物园进行实地参观教学，除老师讲解外，还聘请植物园专家对照活体植物，讲解植物的分类、地位、生活环境以及经济价值等，学生在植物园学习掌握的植物种类近 200 种，完成的实习报告图文并茂，生动真实，真正强化了学生的记忆和感知印象。在"细胞工程"教学中，讲授生物反应器时，除讲理论知识外，为了让学生对生物反应器有感性认识，我们组织学生到生物化工与生物制药工厂实地参观学习，如到武汉科诺生物农药有限公司、宜昌高农公司等高新技术企业，结合理论知识，现场讲解生物化工与生物制药企业中生物反应器的构造、原理、工艺及注意事项，通过理论与实践相结合的学习，学生的实践意识、创新能力得到了较大的锻炼和提高。

第四节

高校基因工程课堂教学改革的探索与实践

基因工程是生命科学类专业的主干课程，为了切实提高基因工程课堂教学质量，在基因工程课堂教学中，在精选课程教材、优化教学内容、规范教学文件、实施"一教二主三化"的课堂教学综合改革等方面，进行了基因工程课堂教学改革的探索与实践，取得了一定的效果，为我国高校基因工程的课堂教学与改革提供参考。

基因工程是在分子生物学和分子遗传学发展的基础上，在分子水平对基因或基因组进行改造，使物种获得新的生物性状的一种崭新技术，是按照人们的愿望，通过严密的工程设计，在体外将外源目的基因与基因工程载体相连，然后，导入受体细胞，使外源目的基因在受体细胞内稳定地表达的过程。自20世纪70年代初基因工程诞生以来，经过40多年的发展，基因工程发展迅猛，已经成为现代生命科学领域和现代生物技术产业最具生命力和最引人注目的前沿学科之一，广泛应用于医学、农业、工业、制药、环保、国防等国民经济的各个行业，为解决人类社会面临的粮食、能源、健康、环保等重大问题和可持续发展的问题，发挥着不可替代的作用。

作为国家"十三五"战略性新兴产业的"生物和生命健康"产业，急需要一大批懂得现代生物技术的基因工程人才，为此，我国高校生命科学类的很多相关专业都开设了"基因工程"课程，希望为国家培养和输送急需的生物技术人才。基因工程是一门理论性、技术性和实践性都很强的课程，如何设计安排好这门课的教学，改革教学方式方法，使学生深刻理解和熟练掌握基因工程的相关理论和技术，合理构筑学生的知识结构，培养学生的综合素质和创新能力，是该门课程教学都要面临和解决的问题。笔者在"基因工程"10多年的课堂教学中，进行了一些教学改革探索和实践，取得了一定的效果，以期为同行的相关课堂教学提供借鉴和参考。

一、精选课程教材，保证课程知识体系的先进性

教材是教学内容的知识载体，是课程教学的依据和蓝本，是老师和学生教与学的沟通桥梁，是学生学习的主要材料，对学生知识体系的形成具有极其重要的价值和作用。教材类似士兵的武器，在课堂教学中，是不可或缺的。基因工程是生物技术、生物工程、生物科学、生物制药等生命科学类专业的专业主干课，对学生生物技术核心内涵素养的培养具有极其重要的作用。基因工程技术作为高新技术，发展日新月异，相关知识发展快速，新教材不断涌现，为了保证课程知识体系的系统性、完整性、科学性、先进性，我校认真选取"21世纪优秀教材"和"国家级规划

教材"等优秀教材，作为我校生物技术专业和生物工程专业的《基因工程》教材和参考教材。例如将化学工业出版社陆德如主编的《基因工程》等作为主要参考教材。为了满足学生更高的学习需求，还推荐科学出版社吴乃虎主编的《基因工程原理》、科学出版社 J. 萨姆布鲁斯和 D. W. 拉塞尔著、黄培堂等译的《分子克隆实验指南》等作为参考书，同时鼓励学生经常查阅国际权威刊物《Science》《Nature》《Cell》等，了解基因工程最新国际研究前沿，拓宽学生知识面。

二、优化教学内容，构建科学合理的课堂教学内容体系

基因工程课程内容多，信息量大，与生物化学、分子生物学、遗传学等课程内容联系紧密，相互渗透。在高校课堂教学学时缩短的大背景下，必须优化教学内容，构建科学合理的课堂教学内容体系，才能确保课堂教学质量。优化教学内容，既要避免与其他课程的内容重复，又要确保基因工程课程的核心技术的全面体现，彰显课程特色。基因工程课程的主要内容包括：基因工程工具酶、克隆载体、目的基因的分离与修饰、重组基因导入受体细胞、外源目的基因表达与调控、基因工程应用，以及基因芯片技术、PCR 技术、DNA 序列分析技术、基因敲除与诱变技术、基因组研究技术等。对于已经学过的重复内容，可以简要提及，一带而过，如核酸的结构性质与制备、基因的相关知识、基因表达调控的内容等；对于本课程的核心内容，紧紧围绕基因工程技术的"分、切、接、转、筛"5 步来进行教学，化复杂为简洁、化抽象为具体、化沉闷为轻松，提高学生的学习兴趣，将核心知识内化为学生的基因工程素质和能力。

三、规范教学文件，保障课堂教学有序进行

课堂教学文件是课堂教学有序进行的基础和前提，是课堂教学质量的重要保障。课堂教学文件，主要包括课程的教学大纲、教学日历、教案、多媒体课件、教材等。

课程教学大纲，是教师进行教学的主要依据，也是评定学生学业成绩和衡量教师教学质量的重要标准。制定基因工程教学大纲既要全面又要严谨，主要包括：课程中英文名称、先修课程、课程学时学分、教材与参考资料、主讲教师、课程简介、课程教学要求、课程教学内容、章节重点与难点、章节学时分配、考核方式、成绩评定依据、学生学习建议，以及课程教学改革与建设等。我校基因工程课程学时为 48 个学时，由 8 章组成，课程从基因工程创立和发展的理论和技术基础入手，重点介绍基因工程研究发展的基本概念、基本原理、基本技术，以及基因治疗、基因工程药物、转基因植物、转基因动物等基因工程应用基础知识，架构起基因工程上游和下游知识的完整结合。促使学生理解基因工程有关基本概念，掌握在体外对 DNA 进行操作的基本技术，熟悉基因工程复杂的操作流程，建立运用基因工程技术开展生命科学研究的基本思路，培养学生运用所学的基本理论、知识和技能，分析、解决生产实践和科学实验中的实际问题的能力，为生物技术专业等生物类专业学生的专业素质与能力水平的提升提供有力支撑。

课程教学日历，是课堂教学的时间表，是课堂教学的进度安排。要对讲课日期、讲课内容、讲课学时等进行合理安排，确保教学进度和教学质量。

课程教案，是课堂教学的剧本，与课堂教学质量有密切的关系。主要撰写每个章节和教学单元的教学目的、教学内容、教学重点与难点、教学方法与手段、课程作业等，每个教学单元都要包含旧课复习、新课讲授、新课小结等环节。

课程多媒体课件，是利用文字、图形、图像、动画、声音和视频等对课程内容、原理、技

术、方法等进行有效演示的课堂文件。多媒体课件，对于理论和实践要求都很高的基因工程教学，具有重要的应用价值。

影响课堂教学质量的因素较多，包括教师因素、学生因素、教学条件、教学设备、教学方法与手段、教学政策导向等，其中，教师因素是影响课堂教学质量的主要因素之一。教师作为课堂教学的主导，如何组织好课堂教学过程，把握好课堂教学的节奏，发挥好学生的课堂教学主体地位，这些都要通过备好课和讲好课来实现，而备好课和讲好课的标准和依据，是规范的教学文件。规范的教学文件指导课堂教学，可以使课堂教学规范、合理、高效、科学。课堂教学中的多媒体课件PPT，不能代替教案，也不能代替教材，只有依托教案、结合教材、按照教学大纲的要求和教学日历的时间安排PPT，来进行教学，才能使学生知道课堂教学内容在教材的出处，才能利于学生课前预习、课堂学习和课后复习，才能促进课堂教学质量的提高。

我校针对基因工程的课堂教学，不仅认真编写制定了系列课堂教学文件，而且以规范的教学文件指导教学，确保了基因工程课堂教学工作的高质量有序进行。

四、改进教学方法，提高课堂教学质量

科学的教学方式方法是提高课堂教学质量的支撑。大学回归教学本质，殷切希望大学课堂教学质量的提高。由于落后的教学理念和填鸭式教学方法在高校没有得到彻底改变，高校课堂教学存在着"无味与无趣"的情况，"师厌教、生厌学、教学差"也是高校课堂教学中存在的不争的事实，已经成为高校课堂教学的沉疴。有的教师上课无激情，照着多媒体课件PPT念，使学生很无奈，学生说："老师放PPT，就像放电影，看着看着，我们就睡着了"。与此相应的是，学生上课玩手机、开小差、精神萎靡不振等不良状况也很常见。这些课堂教学情况，严重影响了高校课堂教学质量。

为了改变课堂教学不利现状，我们在基因工程课堂教学中，进行了以"一教二主三化"为核心的课堂教学综合改革尝试，该教学改革尝试，基于"快乐教学，人人成才"教育教学理念，取得了较好的效果。"一教二主三化"，即"关爱学生，因材施教；自主学习，自主考试；沉闷化轻松，复杂化简洁，抽象化具体"。

（一）"一教"：关爱学生，因材施教

1. 关爱学生。按照快乐教学、人人成才、终身学习、全面发展的教育教学理念，充分发挥学生的教学主体地位，将关爱学生与因材施教相融合，促进人人成才，全面发展。重点关爱学习困难学生、生活困难学生、心理困难学生，在学习和生活上提供力所能及的帮助，在学生的学习生活中，教书育人，以德树人，做学生的知心朋友和领路人，认真细致做好学生的思想工作，疏导学生心理压力，促进学生快乐成长。

2. 因材施教。每一个学生，都是有着独立人格和独立特质的有尊严的生命个体，每个人的智力、性格、品行、爱好各不相同，要尊重每一个学生的个体差异，尊重和保护每一个学生的独创精神，在课堂教学中，要让学生大胆地发表自己独到的见解，即使是微不足道的见解，也要给予充分地肯定，并提出有针对性的学习建议与改进意见，使学生在学习上有成就感，让每一个学生都能体验到学习的快乐和成功的快乐。

（二）"二主"：自主学习，自主考试

1. 自主学习。在课堂教学中，采取切实措施，广泛开展参与式学习、基于问题探究的学习（problem-based learning，PBL）、案例式学习（case-based learning，CBL）等，鼓励学生自主学习，让学生学会学习，学会问答，学会质疑，锻炼学生科学思维方法，发挥学生学习主动性。例如，让学生制作多媒体课件PPT上讲台讲课、学生分组讨论、学生分组提问、学生分组辩论、学生分组答问、学生撰写章节小论文等，真正使课堂教学"学生参与进来"，课堂教学"活起来"，课堂教学"质量高起来"。仅仅"目的基因导入受体细胞"这章内容，进行课堂教学改革，学生自己提出的问题就达50多个，并且，学生对于这些问题都进行了自己的解答和探讨。自主学习，提高了学生学习的积极性主动性和创造性。

2. 自主考试。进行"学生自己出卷子"的自主考试改革，改革学生成绩评定机制。我校"学生自己出卷子"自主考试改革，就是将传统的120分钟闭卷考试，改革为学生自己利用考试周时间，独立出一套120分钟的考试标准试卷，并给出自己的标准答案。

为了保障考试改革的质量，对"学生自己出卷子"的考试改革，提出5点具体要求：一是学生出的试卷内容，应该覆盖全部课程教学内容的80%；二是试卷题目类型，必须多样化，要有4种以上，课堂作业题目原则不能作为出卷题目，鼓励题目创新；三是学生出的试卷，必须独立完成，严禁相互抄袭，两份试卷如果超过10%雷同，该2位同学不及格；四是试题答案，要求既要精练又要详细全面，还要有理有据。五是学生要积极备考，系统复习，认真看书看笔记看资料，结合网络查阅学习相关文献，出一套高质量创新试卷。

为了配合考试改革，在考试改革的同时，改革学生成绩评定机制，加强平时成绩的比重，定量考核，科学评价学生成绩。学生成绩的评定，由平时成绩和考试成绩组成。平时成绩占40%，由课堂考勤占10%、课堂笔记占10%、课堂作业占10%、课堂表现占10%等组成；"学生自己出卷子"的期末考试成绩占60%，由试卷知识覆盖课程内容情况占10%、试卷题目类型占10%、试卷题目正确性占10%、试卷题目创新性占10%、试卷答案的正确性占10%、试卷规范性占10%等组成。

通过考试改革，改革长期以来高校考试以闭卷考试为唯一手段，"一卷定终身"来评判学生成绩的做法，将学生平时的真实学习情况如考勤、作业、笔记、课堂表现等定量纳入成绩评定体系，成绩评价更加客观科学，促进了学生更加重视平时学习；改变学生长期以来，被动应考、死记硬背、考试作弊的陋习，使考试成为学生主动学习的平台，使学生的考试过程，成为对知识主动学习与归纳总结提高的追求；大幅度提高学生的学习积极性与主动性、学习能力与效率，以及课程教学质量。

我校的考试改革，从2012年开始实施以来，到现在都在顺利进行，有详细的改革方案和要求，有精心的组织和实施，师生积极参与改革，成效非常显著，深受学生的欢迎。考试改革课程，得到了学校的支持与好评，被学校授予"校级课程综合改革项目考试改革示范课程"。

（三）"三化"：沉闷化轻松，复杂化简洁，抽象化具体

1. 沉闷化轻松。是为了活跃课堂气氛，吸引学生注意力，营造快乐教学的课堂环境。在课堂教学中，花一二分钟的时间，通过作诗、讲故事、生活经验分享以及科学家的故事等，穿插在课堂教学过程中，缓解课堂教学紧张空气，提高学生学习兴趣，同时也起到了教书育人的作用。这样的教学方法，使得课堂教学，变得轻松快乐，深受学生欢迎。例如：为了表明每个同学成才的意义，老师把带领学生实习期间写的《育苗》诗分享给大家，"万千种子落玉盘，粒粒珍贵粒粒繁。育人堪比人育苗，每粒每苗都重要"。又如：在讲 PCR（polymerase chain reaction）技术之前，先简短地介绍 PCR 技术发明人 Kary Mullis 的个人故事以及发明灵感，提高学生的学习兴趣，"1983 年春天，Kary Mullis 在开车过程中，头脑浮想联翩，构思出了链式反应蓝图，经过与Cetus 公司深入合作和反复研究，促使了 PCR 技术的诞生，该技术 1993 年获得诺贝尔奖"。课堂小"花絮"，使课堂生动有趣，得到学生普遍好评，也为课堂教学质量提高，营造了宽松和谐的快乐环境。

2. 复杂化简洁。是为了将复杂的知识简单化，去粗取精，去伪存真，强化知识点学习，利于学生掌握和记忆，将知识真正变成学生的素质。基因工程内容复杂，通过复杂化为简洁，可以提高学生学习效率。例如："基因敲除技术"，涉及"整合载体的构建"和"功能基因的验证"等多种技术，而构建"整合载体"的核心部件是"同源序列"，整合载体能够敲除基因的原理，是基于"同源重组"。"复杂化简洁"，使教学变得简单明了，使学生掌握知识变得轻松。

3. 抽象化具体。是为了把抽象的理论和知识化为具体形象的概念，利于学生理解掌握。基因工程不像动物学、植物学等课程，可以直观看到实物，知识抽象、理论深奥、技术难懂，单一的教学手段授课，已经不能满足教学需要，必须采取多种教学手段，将抽象的理论和技术，化为具体形象的实例，才能将晦涩难懂的知识，讲得通俗易懂。在课堂教学实践中，我校通过比喻、模拟、虚拟仿真等手段，采用"传统板书"结合"多媒体教学"结合"老师总结"的"三结合"教学方法，获得良好的教学效果。"传统板书"，显示教学内容框架，突出重点和难点内容，吸引学生注意力；"多媒体教学"，利用文字、图片、动画、视频等现代手段，生动形象地演示各种抽象的技术原理和过程，给学生留下生动印象；"老师总结"，可以起到画龙点睛的效果。这样学生既可掌握基因工程各种方法的原理，也强化了对基因工程理论与技术的整体认识。

除了以上的教学改革之外，为了更好地培养学生基因工程实验操作技能和科研能力，我校与中国科学院武汉植物园、华大基因研究院等校外科研单位合作，联合指导学生进行毕业设计论文研究工作，广泛开展分子生物学和基因工程等方面科学研究，近 10 年来，共培养了 100 多名毕业学生，其中，有 10 多篇毕业论文荣获湖北省优秀学士学位论文奖，例如，罗君雨的"黏着斑激酶 FAK 在肿瘤再生细胞中的功能探讨"、张宇尘的"中国野生狗牙根遗传多样性的 SSR 标记分析"、胡鹏的"不同个体肠道环境中微生物群落进化的比较分析"等。通过毕业设计论文的科研实战，有力地提升了学生基因工程实验技能和实践水平，为毕业后从事相关工作打下了坚实的基础。

五、改革效果显著，促进了人才培养质量的提高

在基因工程课堂教学中，充分发挥学生的主体作用和教师的主导作用，全方位多手段进行课堂教学改革，成效显著，得到了学生的欢迎和社会的肯定，该教学改革成果，2016 年 10 月通过了湖北省教育厅组织的省级教学研究成果鉴定（鄂教高鉴字［2016］030 号），有力地提高了课堂教学质量和人才培养质量。一是教改提高了学生学习成绩。参加教改的班级成绩为，平均分86.11，最高分 98，最低分 75，90 分以上占 35.7%，80～89 分占 60.71%，70～79 分占 3.59%，

69 分以下为 0，比没有改革班级的成绩，平均分高 3.70 分。二是教改得到了学生积极支持。如李刘圆同学评价道："我们有幸上了韩教授讲授的基因工程课程，老师讲课内容全面、精彩，对概念的定义简洁准确。但是，仅仅聆听老师的讲课是不够的，还要通过自己总结消化知识，我们才能够更深层次、更加清楚地掌握知识结构，而考试改革无疑是一次成功的举措！"。三是教改促进了学生创新能力的提高。我校生物技术专业 2016 年取得的创新成绩，即可说明。2016 年，我校生物技术专业，闭思琪和瞿蕾 2 个学生荣获国家奖学金；黄倩、刘小红和吴艳玲 3 个学生荣获国家励志奖学金；李银平、荣芮等 7 位同学，荣获湖北省教育厅组织的"第四届湖北省大学生生物实验技能竞赛" 2 个省级二等奖，4 个省级三等奖；罗君雨同学的毕业论文，荣获湖北省优秀学士学位论文奖。

第五节

植物生物学"四位一体"教学改革的探索

植物生物学是生物专业本科生的一门重要专业必修基础课,具有不可替代的地位。在植物生物学课程教学中,以创新性人才培养为主线,大学四年不断线,大一理论教学,大二大三实验、实习,大四毕业论文,进行了"理论教学打基础、实验教学强能力、实习教学长见识、毕业论文重创新"的"理论、实验、实习、毕业论文""四位一体"的教学改革与实践,取得了较好的成效,为植物生物学打造"金课"提供参考。

　　植物生物学是生物专业本科生的一门专业必修基础课,与动物生物学、微生物学一起构成生物学的三大支柱,具有不可替代的地位。主要讲授植物的形态结构和功能、生长发育和调控、水分和营养物质的代谢,以及光合作用、生态和进化等,它既是生物类各专业的重要基础课程,也是学习细胞生物学、遗传学、分子生物学、生态学等课程的必要条件和基础。植物生物学还是一门实践性很强的学科,是培养学生科研、实践能力和综合素质的重要途径,对学生分析问题和解决问题能力的培养,尤其对学生综合素质的提高和创新能力的培养具有独特的作用。

　　由于植物生物学涉及学科多,内容广泛,基础理论与基本概念复杂,植物生物学教学难点较多,学习理解难度较大,学好植物生物学,培养创新性人才,并非易事。为了提高课程教学质量,培养高素质创新型人才,我们在近20年的植物生物学课程教学中,以创新性人才培养为主线,大学四年不断线,大一理论教学,大二大三实验、实习,大四毕业论文,进行了"理论教学打基础、实验教学强能力、实习教学长见识、毕业论文重创新"的"理论、实验、实习、毕业论文""四位一体"的教学改革与实践,取得了较好的成效。

一、理论教学打基础

　　现有的教学理念和教学方法,一直以来教师关注的焦点是"教什么"和"怎么教",而忽视了对学生"怎么学"的考虑,忽视了对学生学习能力、应用能力的培养。教学课堂存在着"老师讲的口干舌燥,学生课堂昏昏欲睡",为了从根本上解决学生参与课堂积极性不高的问题,让课堂"活起来"、学生"参与进来"、课堂教学质量"高起来",我们在植物生物学课堂教学中,开展了以"快乐教学人人成才"为理念的课堂教学改革,在营造课堂教学氛围、增加学生参与意识、注重创新性教学等方面,进行了课改,促进了学生对知识的掌握和创新思维的形成。

1. 营造好的学习氛围，提高学生参与学习的积极性。

课前 3 分钟，学生刚进教师，课堂还没有安静下来，老师通过讲故事、作诗、生活经验分享，吸引学生注意力，让学生把思想集中到课堂上来。例如，讲植物器官"花"时，分享老师作的诗《荷花》，"桃红点点接天碧，花中仙子唇含玉。清风送爽缨缨情，腹傲千载出污泥"。诗作一分享，马上吸引了学生注意力，为后续课程教学，营造了非常好的氛围，提高了学生学习兴趣和学习积极性。

2. 增加学生的主体参与意识，促进学生对知识的理解与掌握。

课堂教学中，积极发挥教师的主导地位和学生的主体地位，充分发挥学生参与课程教学的积极性。例如，让学生制作 PPT 上讲台讲课，让学生分组学习讨论，让学生"问题式教学"互问互答，让学生撰写章节小论文等。通过鼓励学生主动参与教学，提高了学生学习积极性和学习效率，更加深刻的掌握课程知识。如，为什么"萝卜是一个，红薯是一窝"，这是主根系与须根系发育区别；为什么"树怕剥皮，不怕空心"，这是树皮具有血管输导功能；为什么"仙人掌茎肉质多汁，莲藕空心多孔"，这是沙漠植物与水生植物茎的生态适应结果；为什么"C4 植物比 C3 植物高产"，这主要是 C4 植物的光合作用具有 C4 途径，C4 途径具有 CO_2 泵的作用（转运 CO_2）等。诸如此类，这些问题的提出、解答、总结等，都有学生主动提问和主动参与的功劳，也有老师使课堂真正"活起来"的教学努力。

3. 注重创新性思维和创新型教学，促进创新性人才的培养目标的实现。

大学生创新能力的培养是 21 世纪我国教育教学改革的重要目标之一，其根本目的是提高学生分析问题与解决问题的能力，培养学生创新意识和进取精神。在植物生物学教学中，积极开展创新性教学，培养学生创新思维和创新能力。例如，植物包括藻类植物、苔藓植物、裸子植物和被子植物等，每一类植物都有其生活史，各种植物的生活史都不同，要死记硬背这些植物的生活史难度较大，能不能归纳总结出一个涵盖全部种类植物的生活史，便于记忆和理解？课堂提出了问题，而各种教科书都没有这个问题的答案，为此，我们在学习完植物所有生活史后，归纳总结，画了一个简洁的植物生活史（图 1），这个生活史，是创新教学的一个有力例证。

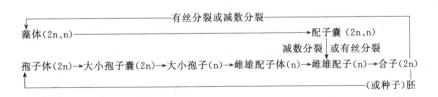

图 1　植物生活史简图

植物进化关系，很复杂，如何根据不同植物的进化关系，绘制一个简要的植物进化关系图，也需要在学习后，进行知识点的归纳总结和创新。学生根据老师布置的作业，结合小组学习讨论和课外查阅知识情况，绘制了一份植物进化关系图（图 2），表现出了良好的归纳总结能力和创新素质。

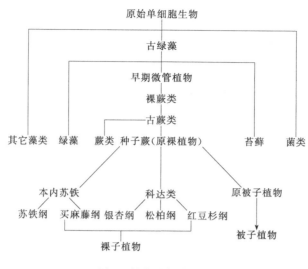

图 2　植物进化关系图

二、实验教学强能力

植物生物学是一门以实验为基础的学科，实验教学是其中一个非常重要的教学环节，相对于理论教学更具有直观性、实践性、综合性与创新性，在加强对学生的素质教育与培养创新能力方面有着重要的、不可替代的作用。它不仅是本科教学计划中的一个重要组成部分，也是培养学生科研、实践能力和综合素质的重要途径，更是实施素质教育的重要手段。学生对实验结果进行分析、综合、概括，可以发展学生的思维能力和创新意识。

我校植物学实验教学，以湖北省大学生生物实验技能竞赛为依托，以植物学基本实验技能为主线，强基固本，增强学生实验动手能力和操作能力，以此提升学生科研创新素质和能力。如显微镜的使用技术、生物绘图的方法、徒手切片技术、临时装片的制作、染色技术、新鲜材料的解剖、植物的鉴定检索、标本采集与制作以及解剖器械的使用方法等，通过一系列的实验、观察、操作，让学生自己动手、多操作、多练习，进一步加深对植物学理论知识的消化和理解，使学生牢固掌握植物学基础知识，培养学生实际动手能力。

例如，花的解剖与花程式撰写，非常能够考察学生的动手能力，因为，花很小，要解剖了解花的对称方式、花萼和花冠数量、雄蕊和雌蕊情况，以及心皮、心室和胚珠数，必须有较强的动手能力。紫薇花很漂亮，夏天盛开，想要知道紫薇花的内部奥秘，紫薇花的解剖与花程式的撰写就是动手能力考察的一个例子。花解剖时候，子房横切，可以看心皮、心室和胚珠；子房纵切，了解胚珠的纵向数量；横切的胚珠数与纵切的胚珠数之积，就是胚珠总数。通过解剖，紫薇花的秘密是：两性花，辐射对称，花萼 6 片合生，花冠 6 片离生，雄蕊 8 个，子房下位，6 心皮 6 心室胚珠 12 个合生。

通过组织学生参加湖北省生物实验竞赛，锻炼了学生实验动手能力，师生多次荣获省生物竞赛奖励。

三、实习教学长见识

实习教学是对理论知识进行验证、探索和创新的重要教学环节，是运用所学知识认识自然界植物组成、生态分布规律、植物生长发育规律以及与环境相互关系的重要途径。教学实习对于激发学生学习兴趣，培养学生观察能力、创新思维和动手能力具有重要意义。实习肩负着巩固理论知识、强化专业技能、提升专业素质的重任。

课程实习教学包括认识实习和生产实习，分别在大二和大三进行。认识实习在中国科学院武汉植物园进行，中国科学院武汉植物园作为中国国家植物资源储备和植物迁地保护的综合研究基地，收集保育植物资源 11700 多种，具有世界上涵盖遗传资源最广的猕猴桃专类园、世界最大的了水生植物资源圃、中国华中最大的野生林特果遗传资源专类园、中国华中古老孑遗和特有珍稀植物资源专类园、中国华中药用植物专类园，以及沙漠植物园、松柏园、竹园、兰花园、梅园、杜鹃园、牡丹园、山茶园等 16 个特色专类园。武汉植物园植物种类繁多，生态环境多样，特色植物品种丰富，非常适合开展认识实习教学，是对不同种类、不同生活环境、不同价值的植物的科属特征、代表植物、经济价值进行认识的良好教学基地。认识实习聘请植物园分类专家给学生进行讲解，使学生认识了很多植物，提高了学生的学习兴趣，增长了见识。例如，世界上最毒的树，幌伞枫，也叫"见血封喉""箭毒木"，将树皮汁液涂抹箭头，射杀动物，箭毒进入血液，动物即亡。又如，菩提树，树叶非常特殊，其叶尖很尖很长，它的作用是使雨后水珠，在叶片上马上掉落，不会停留。再如，猪笼草，呈瓶子状，瓶子内壁光滑，有蜜腺，昆虫掉入瓶中，会被瓶中水溶解消化，因此，猪笼草是吃昆虫的草，它是对环境氮素营养缺乏的适应。

生产实习在武汉农科院唯尔福花卉种苗公司进行，师生通过顶岗实习，同吃同住同劳动，学习掌握了植物花卉种苗生产技术，加深了对课堂知识的理解和掌握，增长了见识。一是学习了花卉和蔬菜种子浸种、催芽、播种、嫁接、管理技术，增强了学生对植物生长发育调控的理解；二是学习了大棚蔬菜设施农业的植物生产管理技术，提高了学生对现代农业生产的认识；三是学习蝴蝶兰和红掌等名优花卉的组织培养技术和苗木栽培管理技术，让学生了解了生物工程技术在现代农业的应用前景。

四、毕业论文重创新

毕业论文是大四学生毕业前最后一个培养环节，是学生通过毕业论文科学研究，对大学四年学习成果的一次总检阅。学生通过毕业论文科研，解决实际科研问题，可以了解学生对理论知识的掌握情况，可以培养学生独立思考、综合分析、动手操作和自主创新的能力。

我校学生毕业论文工作与中国科学院武汉植物园合作进行，植物学相关研究课题的选题和研究工作，均结合植物园在研科研课题进行，2007 年以来，我校共有 100 多个学生在武汉植物园进行了植物学相关的 100 多个课题的毕业论文的科研工作，植物学相关的科研工作，真题真做，一人一题，结合在研课题开展，真枪实战，提高学生科研创新素质和科研创新能力。科研涉及植物，包括藻类植物、蕨类植物、裸子植物、被子植物等各类植物，如，黑藻、荷叶铁线蕨、疏花水柏枝、鸢尾、吉祥草、花楸木等。科研涉及研究内容，包括植物生理、生化、遗传、分子、环境、生态以及濒危植物的保护等领域，例如，氮对荷叶铁线蕨生理生态响应；三峡库区消落带狗牙根水淹生长响应；矮慈姑自然居群的遗传分化研究；盐胁迫对黑麦草光合作用的影响等。

毕业论文重创新，有力提高了学生植物学科研创新素质和能力，取得了较好的培养效果。"濒危植物荷叶铁线蕨对光强和土壤水分的生理生态响应""鸢尾在沙土和壤土培养条件下泌氧的比较研究""中国普通野生稻种子萌发特性的初步研究""中国野生狗压根遗传多样性的 SSR 分析"等 18 篇植物学科研的毕业论文，荣获湖北省学位委员会、湖北省教育厅颁发的"省级优秀学士学位论文"奖。

参考文献

[1] 韩新才，熊艺，刘汉红，等．"双一流"背景下高校课堂教学"一教二主三化"教学改革探索与实践［J］．高校生物学教学研究（电子版），2018，8（5）：23-28.

[2] 韩新才，熊艺，王雪梅，等．"双一流"背景下高校课堂快乐教学人人成才的教学改革探讨［J］．课程教育研究，2018，（33）：231-232.

[3] 韩新才．高校生物技术专业教学方法改革探索与实践［J］．广东化工，2008，35（1）：118-120.

[4] 韩新才，周文科，程波．高校基因工程课堂教学改革的探索与实践［J］．化工高等教育，2018，35（2）：36-40.

[5] 习近平谈治国理政．第二卷［M］．北京：外文出版社有限责任公司，2017．377.

[6] 陈宝生．努力办好人民满意的教育［N］．人民日报．2017-09-08（007）.

[7] 郑志辉，刘德华．当代高校教学评价改革与中国教育梦［J］．当代教育科学，2014，（21）：6-9.

[8] 雷敏．论提高高校学生评教质量的方法和策略［J］．高教探索，2005，（1）：50-53.

[9] 国务院印发《统筹推进世界一流大学和一流学科建设总体方案》．中国政府网，2015-11-05.

[10] 瞿振元．着力向课堂教学要质量［J］．中国高教研究，2016，（12）：1-5.

[11] 王桂琴．让快乐导航——浅谈制图快乐教学法［J］．新课程，2010，（8）：133.

[12] 零东智．高校思想政治理论课"快乐"教学浅议［J］．中国高等医学教育，2008，（10）：54.

[13] 伍育琦，陈国生．论高校旅游专业的"快乐旅游教学"［J］．职业教育研究，2007，（10）：99-101.

[14] 何竞平．浅谈快乐教学法在高校广告学课程中的应用［J］．教育教学论坛，2012，（8）：192-193.

[15] 袁英．快乐教学应该成为高校体育的主旋律［J］．重庆大学学报（社会科学版），2002，8（3）：141-142.

[16] 孙莉．"快乐教学法"在大学英语课堂教学中的应用［J］．长春大学学报，2010，20（2）：18-21.

[17] 蒋达云，邹鹏．营销学快乐教学的思考［J］．中国商界，2010，（8）：160-161.

[18] 孔继利，平艳伍．基于快乐教学的物流类专业课程教学研究［J］．物流工程与管理，2010，（10）：182-186.

[19] 曹晋红．本科教学中人人成才培养观念的实现［J］．中国电力教育，2011，（1）：16-17.

[20] 任羽中．大学要守住根本［N］．人民日报．2016-12-27（023）.

[21] 薛永刚，樊建荣．高校课堂教学改革与创新人才培养［J］．山西经济管理干部学院学报，2006，14（4）：7-9.

[22] 董志峰．互动式教学：高校课堂教学改革的突破口［J］．甘肃政法学院学报，2002，（4）：88-91.

[23] 张家艳，郑璐．大学课堂教学与改革［J］．中国高教研究，2003，（10）：91-92.

[24] 范钦珊．以内容方法技术为重点深化课堂教学改革［J］．中国高等教育，2004，（1）：35-37.

[25] 江广奋，郭晓雨．基因技术：解密生命天书［M］．北京：中国广播电视出版社，2001.

[26] 刘羽，姚玉鹏．积极营造原始创新的环境—记2003年国家自然科学一等奖［J］．中国科学基金，2004，（4）：237-240.

[27] 马芹永．大学课堂教学方法的研究［J］．煤炭高等教育，2000，（1）：81-82.

[28] 户业丽，吕中，程波．关于生物化学课堂教学的几点思考［J］．科学时代，2007，（9）：73.

[29] 韩启祥．关于提高大学课堂教学质量的几点想法［J］．南京航空航天大学学报（社科版），2000，2（增刊）：27-35.

[30] 何义芳，王志敏，许占全．从学校教育缺陷谈课堂教学改革［J］．白求恩医学院学报，2005，3（3）：179-180.

[31] 孙开进，项东升，陈瑜．高职院校化工类专业素质教育目标架构化建设初探［J］，广东化工，2007，34（9）：135-136.

[32] 龙敏南，楼士林，杨盛昌，等．基因工程（第三版）［M］．北京：科学出版社，2014：1.

[33] 雷小英，向安，刘永兰，等．本科生基因工程教学改革初探［J］．基础医学教育，2012，14（9）：669-671.

[34] 许崇波，逄越，迟彦，等．深化基因工程课程改革提高教学质量［J］．微生物学通报，2008，35（7）：1153-1156.

[35] 陈国梁，薛皓，贺晓龙，等．普通院校基因工程实验教学的改革与创新［J］．高校生物学教学研究（电子版），2012，2（4）：

47-50.

[36] 陈英，黄敏仁．"基因工程"教学改革初探［J］．生物学杂志，2005，22（5）：48-50.

[37] 李安明，邓青云，黄欣然，等．基因工程理论教学改革探析［J］．现代农业科技，2014，（7）：333-334.

[38] 马利兵，王凤梅．基因工程教学改革的探索与实践［J］．新课程研究，2011，（2中旬）：100-101.

[39] 姜波．参与式教学法的教学模式研究［J］．黑龙江高教研究，2017，（1）：165-167.

[40] 张冬梅，焦瑞清，卢彦，等．以"有效教学"为目标的南京大学生物化学教学实践［J］．高校生物学教学研究（电子版），2016，6（4）：30-34.

[41] 郭慧琴，尹俊．"基因工程"课程教学改革的初探［J］．内蒙古农业大学学报（社会科学版），2013，15（3）：51-53.

[42] 龚双姣，姜业芳，刘世彪，等．植物学实践教学改革与学生创新能力的培养［J］．高等理科教育，2006，（3）：104-107.

[43] 周云龙，方瑾，刘全儒，等．把握教材编写准则编写创新性《植物生物学》教材［J］．中国大学教学，2008（4）：93-96.

[44] 李德荣，张志勇，赖小荣，等．发挥植物学课程优势培养学生实验能力［J］．实验室研究与探索，2011，30（9）：283-286.

[45] 吴晓霞，黄金林，丁海东，等．适应于创新人才培养的植物学教法实践［J］．内蒙古师范大学学报（教育科学版），2017，30（2）：131-133.

[46] 左经会，杨再超，向红，等．基于以能力为本位的植物学教学改革与实践［J］．生物学杂志，2020，37（1）：127-129.

[47] 段德君，姚家玲，魏星．植物学研究性教学模式探索与实践［J］．中国大学教学，2011，（6）：61-62.

[48] 李德荣，张志勇，赖小荣，等．发挥植物学课程优势培养学生实验能力［J］．实验室研究与探索，2011，30（9）：283-286.

[49] 任永权，李性苑，刘立波．植物学实践教学改革的探索［J］．高教论坛，2016，（9）：28-31.

注：本章是如下基金项目的研究成果：湖北省高等学校教学研究项目："构建化工特色生物技术专业人才培养模式的探讨与实践"（鄂教高［2005］20号，项目编号：20050355）、武汉工程大学校级教学研究项目："基于快乐教学人人成才理念的高校课堂教学改革研究"（项目编号：X2016019）、武汉工程大学校级课程综合改革项目（项目编号：40）。

第三章

实验、实习、毕业设计论文等
实践教学改革研究与实践

| 第一节 |

高校利用校外教育资源开展毕业设计（论文）工作的实践

利用校外教育资源，开展毕业设计（论文）工作，可以弥补校内教育资源的不足，对提高本科毕业设计（论文）的质量以及大学生科研创新能力和综合素质具有重要的作用。本节论述了武汉工程大学生物工程专业和生物技术专业，充分利用校外教育资源，广泛开展校外毕业设计（论文）工作的思路、措施、特点和效果，以期为我国高校利用校外教育资源，提高毕业设计（论文）质量提供参考。

高校毕业设计（论文）工作，是大学生毕业前的最后一个综合性实践教学环节，对大学生的思想道德素质和专业技术素质的提高，以及高校人才培养目标的实现，都具有重要的意义。高校毕业设计（论文）的培养目标是，通过毕业设计（论文）工作，提高学生运用所学知识发现问题、分析问题和解决问题的能力、科学研究能力、创新能力、动手能力以及专业技术素质与水平，为毕业后从事专业技术工作，打下坚实的基础。高校扩招后，毕业大学生数量剧增，高校由于自身教育教学资源，如专业教师数量、科研经费、仪器设备、专业实验室等，满足不了大学生毕业设计（论文）工作的需求，导致了高校毕业设计（论文）质量的下降。因此，高校充分利用校外教育教学资源，将部分学生送出校外，在校外企事业科研单位进行毕业设计（论文）工作，不仅可以弥补高校校内教育资源的不足，大幅度提高大学生的科技创新能力、综合素质以及毕业设计（论文）质量，而且可以增强校外单位研究开发实力，促进企业创新能力提高。为此，武汉工程大学生物工程专业和生物技术专业，近10年来，充分利用校外教育教学资源，广泛开展了大学生校外毕业设计（论文）工作的探索与实践，取得了较好的效果。现将有关工作报告如下，以期为我国高校利用校外资源，提高本科毕业设计（论文）质量提供参考。

一、利用校外教育资源开展毕业设计（论文）工作的思路

高校扩招后，高校培养人才的校内教育资源明显不足，人才培养质量呈下降趋势是不争的事实。虽然我国高校之间校内教育资源存在较大的差距，但是任何一所高校都不能仅仅依靠自身的校内教育资源培养出社会所需要的合格人才的。任何一所高校都是社会的一个细胞，其校内的教育资源是有限的，而校外的社会教育资源是无限的。因此，高校必须充分利用校内与校外两种教

育资源为人才培养服务，才能培养出社会需要的合格人才。高校充分利用校外教育资源，开展产学研合作教育培养人才，已经纳入国家中长期教育发展纲要（2010—2020），是教育与社会实践和生产劳动相结合的重要体现，是高等教育发展的迫切需要和时代要求，也是高校人才培养的必然趋势和选择。

纵观当今国内外高校教育教学发展现状与发展趋势，由于高校存在着校内教育资源的有限性问题，而人才培养质量提高却具有无限性，因此，充分利用校内与校外两种教育资源，为高校人才培养服务，是国内外高校教育教学发展的必然选择和必然趋势。而且，这些方面的实践方兴未艾。例如：高校之间的校校人才培养联盟、校企合作联盟、中外合作办学、人才培养国际化、2011 协同创新计划，以及高校的校外实习、校外社会实践等，都是高校利用校外资源为人才培养服务的生动实践。这些实践中，当然包括毕业设计（论文）工作。当前，我国高校毕业设计（论文）工作，虽然绝大多数在校内完成，但是，在校外完成毕业设计（论文）工作，各高校都有实践，只是人数多少不同而已。随着教育教学改革的深入和国家中长期教育发展规划的实施，利用校外教育资源开展毕业设计（论文）工作，将会得到更多高校的认可和社会的支持，成为高校提高毕业设计（论文）质量和人才培养质量的重要选择和措施之一。

武汉工程大学是一所特色鲜明的地方本科院校，其优势特色学科为化工学科，具有博士学位授权资格。高校扩招后，学校以化学工程、制药工程、应用化学、生物化工等优势学科为依托，分别于 2000 年和 2003 年招收生物工程专业和生物技术专业本科生，2004 年开始有毕业生。受扩招影响，这两个专业招生人数均超过 3 个班，毕业生人数较多，而学校生物专业教师人数、实验室条件及设备、科研项目与经费等，均不能满足学生毕业设计（论文）需求，毕业设计（论文）工作压力极大。要确保学生毕业设计（论文）质量，一人一题，真题真做，就应该充分利用学校与社会联系广泛的优势，充分利用校外教育资源，把部分学生送到校外企事业科研单位，开展毕业设计（论文），这样可以取得学校与校外单位互利双赢的较好效果：一方面，学校利用校外教育资源，如校外师资、设备、场地、技术、资金、项目等，开展校外毕业设计（论文）工作，不仅可以缓解学校毕业设计（论文）工作压力，大幅度提高学生毕业设计（论文）质量和专业素质，而且学生在校外进行毕业设计（论文）工作，接触社会，了解国情，可以大幅度提高学生思想道德素质，同时，还可以促进大学生就业。另一方面，校外单位通过引进大学生到单位进行毕业设计（论文）研究，可以增加研发人员数量，而研究课题是结合单位的科研、生产和工程实际的项目，研究结果对单位有实际价值和意义，校外单位喜欢；同时，通过考察大学生毕业设计（论文）工作表现与水平，校外单位可以挑选优秀大学生到本单位工作，可以解决校外单位急需人才招聘难的问题，校外单位满意。根据以上思路，近 10 年来，我校生物工程专业和生物技术专业采取了一系列措施，充分利用校外教育资源，开展了校外毕业设计（论文）工作的探讨与实践，取得了较好效果。

二、利用校外教育资源开展毕业设计（论文）工作的措施

1. 与社会广泛联系，遴选校外毕业设计（论文）单位与选题

遴选校外毕业设计（论文）单位，主要选择与生物专业相关的生物技术产业及其相关的教学、科研、生产、设计等单位，要求校外单位具有能够确保本科毕业设计（论文）质量的相应指

导老师、设备、技术、资金等条件。选题要结合校外单位的科研、生产、工程等实际，真题真做，一生一题，深浅适宜。校外毕业设计（论文）的质量，要求达到学校生物工程专业和生物技术专业人才培养目标的质量要求。在校外单位遴选和论文选题上，采取了如下 4 项措施。一是充分发挥学校专业教师的积极性，利用专业教师与社会企事业科研单位的广泛联系，通过专业教师与校外单位的沟通协调，遴选校外毕业设计（论文）单位与选题；二是充分发挥毕业生的主动性，利用毕业生的社会联系与就业需求，如果就业单位要求毕业生到就业单位进行毕业设计（论文）工作的，通过学校审查，同意毕业生到就业单位进行毕业设计（论文）工作；三是充分尊重考取研究生的毕业生意愿，研究生录取单位要求毕业生到录取单位进行毕业设计（论文）的，通过学校审核批准，支持毕业生到录取单位进行毕业设计（论文）工作；四是收集遴选校外行业协会、专业联盟、订单培养等校外合作单位的需求信息，遴选校外毕业设计（论文）单位和选题。通过严谨细致的校外单位遴选和选题征集、遴选、确认，为开展校外毕业设计（论文）工作提供了坚实基础和有利条件。

2. 公示校外毕业设计（论文）遴选单位与选题，进行学生与校外单位双向选择

校外毕业设计（论文）单位分布广，选题涉及面广、内容丰富，不同单位、不同选题对学生素质与能力要求不同，同时，不同学生对研究方向与研究选题有不同的兴趣和爱好。为了发挥学生与校外单位双方的积极性，实现选题与学生愿望的最佳组配，学校将校外单位及其选题公示，先由学生选择，再由校外单位确认，实现双向选择。这样，既保证了学生参与的积极性，做到因材施教，又尊重了校外单位意愿，达到了公开、公正、透明的目的。

3. 加强校外毕业设计（论文）工作的监管，确保毕业设计（论文）质量

校外毕业设计（论文）工作在全国各地开展，给学校管理工作带来了新的挑战与困难，为了确保这一工作的安全、高效、顺利进行，我校采取了以下 4 个方面的措施。一是精心组织，工作布置前移。高校毕业设计（论文）工作通常安排在第 8 学期，而校外毕业设计（论文）单位遴选和选题确认等工作细致复杂，为了确保毕业设计（论文）工作能在第 8 学期按时进行，将校外毕业设计（论文）的前期工作，如单位遴选、选题确认、双向选择、学校审批等，安排在第 7 学期末完成。二是签订校企共同指导毕业设计（论文）工作协议。为了确保校外毕业设计（论文）工作的顺利实施，明确校、企、学生三方的责权利，签订校、企、学生三方协议，规范校外毕业设计（论文）工作行为。三是实施校外单位指导老师与校内指导教师双导师制。校外与校内的导师，选择工作认真负责、热心敬业、有经验的中级及以上职称的人员担任。校外导师，应为校外单位科研、生产、工程等方面的技术骨干，负责毕业设计（论文）工作的具体指导、研究工作的实施、学生安全、学生表现评价以及成绩评定等。校内导师，负责与校外学生的联系、研究工作技术咨询、论文规范写作、毕业答辩以及成绩评定等。学生毕业设计（论文）成绩，由校外导师、校内导师、毕业答辩三方面成绩组成，按照 50：30：20 比例评定。四是加强与校外学生和单位的沟通。要求校内导师每周要与校外学生和单位沟通一次，了解学生在校外的工作、生活情况以及研究工作进展，方便学生及时进行技术咨询，帮助解决学生在校外生活、工作、研究等方面的问题与困难。通过以上具体措施，使校外毕业设计（论文）工作能够得到有效监管，为校外毕业设计（论文）质量的提高，提供了重要的机制保障。

4. 强化政策支持，促进校外毕业设计（论文）工作科学发展

学校出台了《关于实施"三实（实习、实验、实训）一创（创新）"人才培养模式的意见》，将产学研合作教育和校企共同开展毕业设计（论文）工作，纳入学校发展规划；制定了校外毕业设计（论文）质量指标体系和监控细则；出台了相应政策进行鼓励，如：（1）开展校外毕业设计（论文）的指导教师的工作量系数增加三分之一；（2）增加校外毕业设计（论文）时间，将4周的毕业实习时间，纳入校外毕业设计（论文）中，确保毕业设计（论文）质量；（3）校外毕业设计（论文），在评选省级优秀学士学位论文时，优先推荐。学校政策支持，促进了我校生物专业利用校外教育资源，开展校外毕业设计（论文）工作的顺利开展和科学发展，促进了我校生物工程专业和生物技术专业毕业设计（论文）质量和人才培养质量的提高。

三、利用校外教育资源开展毕业设计（论文）工作的特点

对近10年来我校生物工程专业和生物技术专业，利用校外教育资源开展毕业设计（论文）的工作进行了统计，基本情况如下。（1）2004—2013年，我校生物工程专业、生物技术专业，共有本科毕业生1217人，其中，生物工程专业有850人，生物技术专业有367人。（2）参加校外毕业设计（论文）学生共226人，占毕业生总数的18.57%。（3）校外毕业设计（论文）中，毕业设计有66人，占29.20%，毕业论文160人，占70.80%。（4）参加毕业设计（论文）指导的校外单位共有50家。其中，按照单位类别分：校外高校4所，占8%；校外科研单位8家，占16%；校外企业38家，占76%。按照单位属地分：校外单位分布于全国13个省及直辖市，分别是北京、上海、辽宁、内蒙古、新疆、甘肃、福建、广东、浙江、贵州、江西、湖南和湖北，其中，湖北省省内的单位有29家，占58%。（5）参加毕业设计（论文）校外指导教师共86人，其中，具有高级职称的62人，占72.09%，中级职称24人，占27.91%。

根据以上数据可以看出，我校生物专业校外毕业设计（论文）有如下5个特点：一是参加学生比例高，达18.57%，说明校外毕业设计（论文）工作在整个毕业设计（论文）工作中作用重大；二是毕业论文比例大，达70.80%，说明了学生科技创新意识浓厚；三是校外单位以企业为主，占76%，说明产学研合作中，企业是主体；四是校外单位分布广，达13个省及直辖市，说明我校比较充分地利用了国内校外教育资源；五是校外单位以湖北省本省内的单位为主，占58%，外省市为辅，占42%，说明产学研合作中，利用校外教育资源具有明显的地缘性，以近地和本地为主；五是校外单位指导老师人数多，职称高，人数为我校专业教师人数的6倍之多，职称以高级职称为主，占72.09%，说明我国校外师资力量雄厚，有效利用可以弥补高校师资不足。

四、利用校外教育资源开展毕业设计（论文）工作的效果

1. 校外毕业设计（论文）选题，紧密结合我国生物技术产业的科研、生产和工程应用实际，促进了我校生物专业人才培养目标的实现和人才培养质量的提高

校外毕业设计（论文）具有任务明确、针对性强、经费充足、条件较好、指导有力等优势，校外毕业设计（论文）选题和研究，紧密结合我国生物技术产业的科研、生产和工程应用实际，促进了我校生物专业人才培养目标的实现和人才培养质量的提高。我校校外毕业设计

（论文）主要包括两个方面，即，以科学研究为主的毕业论文和以工程设计为主的毕业设计。在毕业论文研究方面，选题与研究内容主要包括生物化工、生物制药、生物浸矿、生物能源、生物环保、生物食品等诸多行业，涉及生理、生化、遗传、生态、分子生物学等诸多领域。如：膜生物反应器研究、胸腺五肽合成、大豆异黄酮提取、抗胰蛋白酶分离、狂犬疫苗制备、生物浸磷、生物柴油制备、三峡库区水质监测、滇池污染治理、鄱阳湖湿地种子库研究、鲟鱼营养食品研究、珍稀植物生理生态研究、三峡库区濒危植物保护以及 SSR 标记用于棉花品种鉴定等。这些项目研究，很多为当前的热点和难点领域，对培养生物专业学生把握生命科学与生物技术前沿，以及培养学生动手能力、科研能力、创新能力具有重要推动作用。在毕业设计方面，工程设计选题主要包括药品、食品、氨基酸、有机酸、酒类等行业，涉及发酵、分离、提取、制剂以及工艺、设备、管道等工程环节。如：藏药、中药、西药、丝氨酸、亮氨酸、柠檬酸、赤霉素、酒类等的工程设计。这些项目，结合校外单位工程实际，对提高学生工程实践能力具有重要意义。

2. 校外毕业设计（论文）研究成果丰硕，毕业论文质量显著提高

我校毕业设计（论文）研究成果，主要表现为理论价值、经济价值和工程价值三个方面。一是理论价值，如：李露同学的"高脂膳食对小鼠附睾脂肪组织巨噬细胞浸润的影响"、刘春花同学的"SSR 标记在陆地棉纯度分析和品种鉴定中的应用"、郭文思同学的"长江三峡库区支流水华情况和水质生物监测"等，研究工作都取得了较大突破，具有一定的理论价值，这些论文都获得了湖北省优秀学士学位论文奖。二是经济价值，如张莹同学在武汉科诺生物科技公司进行的"离子交换法提取井冈霉素工艺的改进研究"，使井冈霉素 A 的含量提高了 15％，达到 65％，达到了出口标准，企业因此每年出口创汇超过 1000 万元人民币。三是工程价值，如南丽君同学在武汉大成设计咨询公司进行的"启瑞药业天门冬氨酸和鸟氨酸精制车间的生产工艺设计"，设计全部采用 CAD 设计，设计图纸和成果直接应用于工程建设实际，具有重要工程应用价值。

利用校外教育资源，开展校外毕业设计（论文）工作，有力提高了我校生物工程专业与生物技术专业毕业设计（论文）的质量。2004—2012 年，我校生物专业校外毕业设计（论文）共获得湖北省优秀学士学位论文奖 18 项，获奖比率高达 7.96％，远高于校内毕业设计（论文）1.81％的获奖比率。

3. 开展校外毕业设计（论文）工作，促进了大学生就业

通过开展校外毕业设计（论文）工作，校外近 30 家企事业单位，如：深圳华大基因研究院、上海森松集团、福建盼盼食品公司、新疆制药厂、武汉远大医药集团等，通过学生毕业设计（论文）工作，考察其表现与思想道德素质和专业水平，挑选了 60 多名优秀毕业生到其单位工作，有力促进了我校生物工程专业和生物技术专业本科生的就业工作。

4. 开展校外毕业设计（论文）工作存在的问题与改进措施

我校生物工程专业与生物技术专业的毕业设计（论文）工作，主要包括校内和校外两种模式，以校内为主，校外为辅。校内毕业设计（论文），具有学生生活安全、教师指导得力、学校能有效监管等优点；主要问题是，学生人数多，毕业设计（论文）工作条件、设备、项目、资金、指导老师数量等不足，毕业论文总体质量不高等。校外毕业设计（论文）工作，具有工作条件好、真题真做、项目资金有保障、毕业论文总体质量高等优点；但是，也存在一些问题，如：学生远离学校，有一定的安全风险；学生交通费、住宿费等校外生活费用较高；学校监管难度加大；以及存在因为校内指导老师不负责、学生自我管理能力差等原因，导致校外学生放任自流，论文质量不合格的问题。对于校外毕业设计（论文）工作存在的问题，将通过争取校外单位和学校对学生进行科研补贴、加强学校监管、提高校内指导老师的责任心、以及选择优秀学生到校外进行毕业设计（论文）工作等措施，加以解决和完善。

| 第二节 |

高校化工特色生物技术专业实验室建设的探索与实践

根据我国高等学校生物技术专业特点，结合工科化工院校化工学科优势，在依托化工学科优势，构建化工特色生物技术专业实验课程体系；加大实验室建设资金投入，高质量建设化工特色生物技术专业实验室；优化创新生物与化工融合的实验内容，大幅度提高实验教学质量；强化实验室科学管理，促进实验室运转顺畅、有序、高效等方面，进行了化工特色生物技术专业实验室建设的探索与实践。

生物技术是在现代分子生物学等生命科学的基础上，结合了化学、化学工程、数学、微电子技术、计算机科学等基础和尖端学科而形成的一门多学科交叉融合的综合性学科。它是利用生物体的特征和功能，设计构建具有预期性状的新物种或新品系，以及与工程学原理相结合进行加工生产，为社会提供商品和服务的一门综合性高新技术。国际上公认，信息技术和生物技术是21世纪决定国家命运的关键技术，是世界各国优先发展的支柱产业。由于生物技术专业是由多学科交叉融合而形成的理论与实践并重、理工结合的新兴实验性学科，实验教学是十分重要的教学环节，实验室建设质量与实验教学水平，对生物技术专业人才培养质量具有重要的作用。工科化工院校生物技术专业实验室建设，要依托化工学科优势，彰显化工特色，以此促进化工特色生物技术专业人才培养质量的提高，为社会输送合格的具有化工特色的应用性创新型生物技术专业人才。对此我们进行了一些探索与实践，取得了较好效果。

一、依托化工学科优势，构建化工特色生物技术专业实验课程体系

高校的工科化工院校建设生物技术专业，涉及生命科学领域，是一项全新的工作，生物技术专业实验室的建设与实验课程体系的构建，如果照搬国内外现存的实验课程教学体系，则存在着启动慢、新设备投入大、师资不足等缺点，而建设具有自身化工特色的实验课程体系，则具有节约办学成本、实验课程启动快、特色明显等优点。

武汉工程大学为工科化工院校，其生物技术专业是在学校化学工程、制药工程、生物化工、应用化学等省级重点学科的基础上建设的，发挥学校化学、化工等学科优势，构建生物技术专业实验课程体系，则具有明显的先进性、科学性。为此，我们将生物技术专业实验课程体系划分为化学化工基础实验课程、生物技术专业基础实验课程和生物技术专业的专业实验课程三大模块。

其中，化学化工基础实验课程，以我校湖北省省级基础化学示范中心为平台，开展基础化学、有机化学、物理化学、分析化学和化工原理的实验教学，彰显化工特色；生物技术专业基础实验课程，以财政部中央与地方共建实验室经费为契机，重点建设生物化学实验室和微生物学实验室，开展生物化学、微生物学等生物学基础实验的教学，把握生命科学基本实验技能；生物技术专业的专业实验课程，以我校绿色化工过程省部共建教育部重点实验室为依托，建设细胞生物学与遗传学实验室、分子生物学实验室，进行细胞生物学、遗传学、分子生物学等专业实验课程的教学。

实验课程改变以往设置在理论课程内的做法，将实验课程全部单独列出，作为一门独立的课程，编写教学大纲，独立考核与授予学分。除分子生物学实验为 4 学分 60 学时外，基础化学、有机化学、物理化学、分析化学、化工原理、生物化学、微生物学、细胞生物学、遗传学等实验课程均为 2 学分 36 学时。

二、加大实验室建设资金投入，高质量建设化工特色生物技术专业实验室

生物技术是生命科学的前沿和尖端学科，发展日新月异，新技术、新设备、新成果层出不穷，要求我们不断更新知识，才能紧跟前沿。生物技术专业无论是设备投入还是实验耗材都相对较高，要求高校必须加大投入，才能确保实验教学的质量，而加强实验教学的关键是要有一个功能齐全、设备先进的实验室。

在生物技术专业实验室建设中，加大实验室建设投入，可确保实验室的建设质量。我校在化工特色生物技术专业实验室建设中，一是利用湖北省投入的 1000 万元资金，建设和改造化学化工实验室，增加实验设备，建成实验面积近 4000m^2、设备台（套）数近 2000 台（套）、设备总值 1267 万元的省级基础化学化工实验教学示范中心，为生物技术专业打牢化学化工基础和形成化工优势发挥重要作用；二是利用财政部中央与地方共建实验室 300 万元经费与学校配套资金，改造更新生物技术专业基础实验室，重点建设微生物学实验室和生物化学实验室，建设实验室面积达 450m^2，形成学校生物技术、生物工程、食品工程等专业生物基础实验教学基地；三是利用学校绿色化工过程省部共建教育部重点实验室建设资金和学校投入 100 万元的专项建设资金，新建了细胞生物学与遗传学实验室、分子生物学实验室，建设的生物技术专业的专业实验室面积达 300m^2，设备台（套）数为 200 多台（套）。

实验室建设按照高标准高质量进行，从实验室建设的规划、装修、仪器设备采购与安装、实验室功能区划分到实验室管理等各方面，按照能把握生命科学发展方向与前沿，具有生物化工和生物制药特色来规划建设。除设置实验室外，还配套设置了实验教师办公室、实验准备室和实验室仓库等实验室配套区域，确保建设的实验室环境优良、设备先进、运转高效、功能突出。

三、优化创新生物与化工融合的实验内容，大幅度提高实验教学质量

实验教学的目的是促进学生深化理论知识，掌握实验技能和方法，养成科学的思维习惯和严谨的工作作风，培养学生的创新意识和科学素质，最终实现理论知识积累到素质形成再转化为能力生成，以此培养现代社会所需要的知识、素质、能力相统一的应用性创新型人才。在实验内容设置上，根据化工特色生物技术专业人才培养模式的目标和改革方向，对实验内容进行重组、优化、创新，改变各实验课程的封闭性，消除实验内容上的重复与脱节，精选内容、优化结构、创

立新的知识体系。

实验内容设置与创新，一是加强生物学科与化学化工学科双基础实验技能的培养，体现厚基础、宽口径的时代要求；二是取消一些内容陈旧、方法落后的实验项目，增加综合型、设计型、创新型实验内容，将细胞工程、酶工程、发酵工程、基因工程等实验内容融入分子生物学大实验中，避免了内容重复与耗材浪费，大力培养学生的动手能力与创新意识；三是开放实验教学，学生通过参加教师科研项目和申请主持学校大学生校长基金，在教师指导下，查阅文献，拟定实验方案、开展科学研究、解决实验中的难点和问题，撰写科研论文等，以此培养学生的综合能力和创造能力；四是在实验中注重开设生物化工、生物制药方面的特色实验内容，如基因表达 α_1 胸腺素的纯化测定、黄芩总黄酮的提取、生物柴油的制备等，通过特色实验锻炼，学生形成生物化工与生物制药的特色素质与能力。

四、强化实验室科学管理，促进实验室运转顺畅、有序、高效

为了规范实验教学、提高实验室建设效益、促进实验教学改革，强化实验室科学管理具有不可替代的作用。在实验室科学管理上，一是建立实验室管理规章制度，用相框装裱悬挂在实验室，明确职责与义务，严格按照制度执行；二是加强仪器设备的运行、维修管理，提高仪器设备的利用率与使用寿命；三是加强实验教学的监管，严格按实验课程教学计划执行，防止实验教学环节的随意性，减少低值易耗品的浪费，提高实验教学质量；四是加强实验师资队伍建设，设立实验室专职实验员，提高实验教学老师的指导水平；五是强化实验室安全管理，加强实验室水、电、气以及设备的安全管理，强化易燃、易爆、有毒、有害、污染环境的生物与化学试剂的监管，确保实验室安全运行。

五、生物技术专业实验室建设化工特色明显，成效显著

经过近几年化工特色生物技术专业实验室的建设、改革与实践，建设的生物技术专业实验室特色明显，化工优势突出，成效显著。目前，生物技术专业仅生物基础实验和生物专业实验开设的基本实验项目就达 43 项，开设率达 100%；学生在教师指导下从事的创新实验有 23 项；主持武汉工程大学大学生校长基金项目 10 项；学生发表的科研论文 20 余篇，申报国家发明专利 2 项；在实验室进行的毕业论文，获湖北省大学生优秀学士学位论文奖一等奖 1 项，二等奖 6 项，三等奖 15 项；毕业学生化工特色明显，在生物化工与生物制药等领域工作的占 57.1%。

| 第三节 |

建设双赢生物化工校外实习基地的探索与实践

根据高等学校实习教学的具体情况和工科院校生物化工学科的实践教学要求，提出了高等学校建设校外实习基地存在的问题，如实习基地没有形成互利双赢的机制，企业积极性不高；部分企业经营困难，实习条件难以满足需要；实习时间和实习经费不足；缺乏鼓励企业支持教育的相应政策等。介绍了共创双赢生物化工校外实习基地的具体做法，即深入细致做好校外实习基地前期选择工作；强化校外实习管理，外树学校形象；精心组织实习基地挂牌活动；探讨互利合作，谋求共进双赢等。为工科院校建设双赢稳定的校外生物化工实习基地提供参考。

在知识日新月异和现代社会对高等教育人才培养要求越来越严，对人才培养质量要求越来越高的情况下，社会需要高等院校培养德、智、体、美全面发展的高素质综合性创新型人才，学生的动手能力、终身学习能力、创新能力的培养对高等教育更显迫切。高等学校在不断提高课堂教学质量基础上，如何利用社会资源，强化学生实践能力培养，最大限度挖掘和培养学生固有的素质和潜能，意义重大。高等学校的实践教学主要包括社会实践、实验课程、校内实习和校外实习等教学环节，为了保证实习任务的完成，不断提高实习质量，建立一批稳定的校外实习教学基地，是高等学校刻不容缓的任务和实习改革的必然选择。

从 1999 年开始高校连续扩招后，生物类专业在工科院校得到普遍发展，工科院校如何根据自身的学科优势和专业特色以及生物化工学科相对薄弱的状况，大力进行生物专业实习基地建设，确保学校培养目标的实现等，是工科院校要面对的重要课题之一。武汉工程大学化工与制药学院生物化工学科部有生物工程和生物技术两个本科专业，充分利用学校化工学科优势和生物化工特色，就建设稳定双赢的生物化工校外实习基地进行了探索与实践，取得了较好效果。

一、建立校外实习基地的基本思路与存在的问题

（一）建立校外实习基地的基本思路

高等学校作为为社会培养高层次专业人才的基地，要最大限度地为社会培养高素质的人才，必须充分利用校内各种资源和校外更广阔的社会资源，为培养人才服务。任何一所学校的校内资源是有限的，而社会资源则是无限的。因此，在实践教学环节，挖掘潜力，充分利用社会资源，

建立产学研结合、优势互补、共进双赢的高等学校校外教学实习基地，对促进高等学校教育资源优化、促进社会经济发展、促进高校学生综合素质和创新能力培养具有重要的意义。

建设产学研结合的稳定的校外实习基地，是社会对高校的现实要求，2005 年教育部在《关于进一步加强高等学校本科教学工作的若干意见》中明确指出，高等学校要加强产学研合作教育，充分利用国内外资源，不断拓展校际之间、校企之间、高校与科研院所之间的合作，加强各种形式的实践教学基地和实验室建设。产学研结合教育可利用学校和社会两种教育资源，达到使学生更好地掌握知识、了解社会、培养能力、提高素质的目的。

（二）建立校外实习基地存在的问题

高校在建设校外实习基地的工作中，存在着基地难建、实习质量差等一些具体困难，其主要原因和问题有如下几点。

1. 实习基地没有形成互利双赢的机制，企业积极性不高

高校校外实习基地建设由于对高校教学目标的实现有利，学校积极性高，而实习基地建设对企业利益不大，高校在为企业提供人才培养、产品开发、科学研究等方面的合作支持力度不够，没有形成互利双赢的长期稳定的合作机制，因此，企业对建设实习基地缺乏内在动力。

2. 缺乏鼓励企业支持教育的相应政策

高等教育离不开全社会的关心、支持和参与，但是，由于缺乏鼓励企业参与支持教育的相应政策，企业和科研院所等校外单位没有法定义务来为高校提供实习场所和条件，很多企业对接受大学生实习表示不积极、不欢迎。

3. 部分企业经营困难，实习条件难以满足需要

接待学生校外实习的传统国有企业，在市场经济条件下，由于企业经济不景气以及生产和技术落后等原因，根本无暇顾及学生的实习需要。此外，企业还要考虑学生的食宿条件、人身安全，以及企业的设备安全、生产秩序等因素，因此，高校校外实习条件存在着一定的困难。

4. 实习时间和实习经费不足，师资薄弱，指导不力

高校扩招后，学生人数急剧增加，而高校资金投入未能跟上，没有充足的实习经费来保证实习教学的质量要求，同时，由于工科院校本科四年教学计划的限制，生物化工类专业实习时间过短，而且，实习企业为了不影响正常的生产秩序，通常不让学生单独操作设备，致使学生实践动手能力较差。此外，工科院校生物化工学科师资相对薄弱，存在着对学生实习要求不严、指导不力的情况，导致学生实习质量不高。

二、精心操作，共创稳定双赢的生物化工校外实习基地

面对校外实习基地建设存在的困难，高校应充分发挥自身教学科研与学科的优势，主动走出校园，与校外企事业科研单位广泛联系，并通过自身的教学、科研成果，带动企业经济发展，实现产学双赢。武汉工程大学化工与制药学院生物化工学科部根据教育部对生物化工学科学生实习教学的要求以及学校培养目标，广泛联系社会，充分利用本校生物化工学科优势和社会资源为学校教学服务，建设了一批产学互利双赢的校外稳定实习基地，保证了实习教学的顺利进行。

（一）深入细致做好校外实习基地前期选择工作

校外实习基地建设要充分利用学校与校外实习单位的优势，形成优势互补和共进双赢的机制，才能确保实习基地的长期稳定。为了确保共建实习基地的质量，我们广泛联系国内生物化工的企事业单位，精心进行基地选择前期工作，多次前往实习基地参观考察，联系实习基地领导，争取领导支持，同时宣传我校的学科优势，以及与基地优势互补、共建互利双赢实习基地的想法，引起实习基地领导对实习基地建设的重视。

（二）强化校外实习管理，外树学校形象

实习单位可以通过学生实习，了解一个学校的校风、学风及其综合实力，学生实习表现、学校的形象是实习单位是否愿意与学校共建实习基地的一个重要因素。为此，我们加强了学生实习管理和外树学校形象的工作，在校外实习期间，对指导老师和学生从严要求，遵守实习单位纪律，服从管理，保守实习单位技术秘密，树立良好学校形象，获得了实习单位的好评，为与实习单位建立牢固的实习基地起到了良好的推动作用。

（三）精心组织实习基地挂牌活动，引起较好社会反响

高校与实习基地达成协议后，应签订"共建实习基地协议书"，并挂牌运行，以此规范运作，明确双方责权利与法律约束，确保实习基地的长期稳定健康发展。我校生物化工学科建设的稳定校外实习基地，都签订了协议书，并给企业授"武汉工程大学化工与制药学院校外实习基地"铜牌。在挂牌活动中，精心组织，领导重视，效果显著，社会反响良好。如在金龙泉啤酒孝感有限公司挂牌时，我校党委副书记、孝感市分管工业副市长等领导亲自参加，挂牌仪式以及校企共建实习基地模式在孝感市电视新闻予以报道；在中科院武汉植物园挂牌时，学校教务处处长、化工与制药学院院长，以及武汉植物园领导、武汉植物园的武汉市政协委员等领导参加了活动，活动在武汉科技报进行了新闻报道。

（四）探讨互利合作，谋求共进双赢

现代社会不同单位之间的合作，只有达到双赢，才富有持久生命力，才能获得双方的认可与支持。在共建双赢的校外实习基地方面，我校充分利用自身化工学科优势，积极探讨与校外企事业单位互利合作意向，在人才培养、科学研究、产品开发、技术服务等方面为企业提供服务，效果显著。

1. 利用生物化工学科优势和科研优势，成立企业科技开发中心。通过成立企业科技开发中心，解决企业在发展中存在的技术难题，将高校科研成果在企业孵化。化工与制药学院与湖北祥云集团在武汉工程大学成立了"祥云集团企业研发中心"，解决了企业发展中存在的问题，得到了企业的高度评价与积极参与。

2. 利用师资和办学条件优势，为企业举办各种人才培训。通过为企业举办各种人才培训，提高企业人才素质和专业技能。我院在中石化湖南长炼公司举办工程硕士学位班，解决了企业高层次人才缺乏的状况，提高了企业整体水平和综合竞争力。

3. 合作进行科学研究，提高校企科研实力。在共建实习基地的同时，我校与中国科学院武汉植物园利用双方优势，就天然药物研究达成了合作意向，双方组织力量进行科研攻关，达到互利双赢。

4. 建设大学生就业基地，为企业输送急需高素质人才。我们在建立实习基地的同时，与企业还签订了大学生就业协议，为企业挑选优秀人才提供帮助。我们与武汉葛化集团不仅签订了实习基地协议，还签订了大学生就业基地协议，较好地解决了企业用人难以及高校学生就业难的矛盾，形成了互利双赢的人才培养与就业的良好机制。

三、实习基地教学效果显著，学生素质大幅提高

校外实习基地是培养学生动手能力以及培养应用型人才必不可少的场所，建立一批互利双赢的稳定的校外实习基地，为学生实习创造了良好条件，极大地锻炼和培养了学生实践能力。建立稳定校外实习基地的效果主要表现在如下几方面。

1. 大幅度增强学生的创新意识和综合素质

学生通过实习与企事业单位职工亲密接触，培养了学生艰苦奋斗、通力合作和严谨求实的思想作风，提高了动手能力、科研能力以及创新能力，学生在实习基地进行的毕业设计（论文）研究的成果显著。我校学生在武汉大成设计咨询公司进行毕业设计，均采用 CAD 设计，设计成果直接在企业工程施工中使用，设计论文质量高；在武汉科诺生物农药有限公司进行的毕业论文，应用离子交换法提取井冈霉素，使井冈霉素的产品纯度提高了 15％，达 65％，达到了出口标准，企业因此每年出口井冈霉素创汇达 2000 万元，该毕业论文获湖北省首届优秀学士论文二等奖。2005 年生物化工学科毕业生在实习基地进行的毕业论文（设计），获湖北省优秀学士论文奖 5 项，占生物化工学科获奖数的 31.3％。

2. 确保学校实习教学顺利进行

建设双赢的实习基地，其企业积极性高，积极支持并为学生实习提供良好的条件，可以较好地解决高校大学生实习难的矛盾。

3. 促进了高校教学观念、专业设置和人才培养模式的改革

校外实习基地根据学生实习情况以及存在的问题，将高校教学中存在的"盲点"反馈给学校，促进了高校教学改革的不断提高以及人才培养质量的与时俱进。

4. 提高了学生就业率，较好解决了大学生就业难以及高等教育与劳动就业脱节的矛盾

实习基地建设对促进大学生就业起到了重要作用，目前，我校生物化工学科毕业生就业率达到 95％以上，学校通过实习基地建设与产学研合作教育，为实习基地单位培养和推荐了一大批优秀本科毕业生，为实习基地发展提供了较好的智力支持。

| 第四节 |

高校生物技术专业校外实习基地建设实践与实例

高校校外实习基地建设，对高校实习教学质量提高和大学生实践能力、创新能力培养具有至关重要的作用，纳入国家中长期教育发展纲要。根据生物技术专业校外实习基地建设的实践，以武汉工程大学生物技术专业校外实习基地建设为例，对高校校外实习基地建设的建设思路、主要做法、具体举措、管理实施方法、合作方式、保障条件等方面进行了全方位的探讨与实践，取得了较好的效果，为我国高校生物技术、生物工程、生物科学、生物制药、食品工程等专业校外实习基地建设提供参考。

生物技术是一门多学科交叉融合、理论与实践并重的新型综合性学科，实践性和应用性都很强，作为国家战略性新兴产业，在国家经济社会发展中的地位和作用日益突出。社会要求高校培养的生物技术专业人才，具有较强的研究开发能力、科研创新能力和实践动手能力。高校校外实习基地建设，是高校实践教学环节的重要组成部分和重要工作之一，对高校实习教学质量提高和大学生实践能力、创新能力培养具有至关重要的作用，已经纳入国家中长期教育发展纲要。根据10多年来生物技术专业校外实习基地建设的实践，以武汉工程大学生物技术专业校外实习基地建设为例，对高校校外实习基地建设的建设思路、主要做法、具体举措、管理实施方法、合作方式、保障条件等方面进行了全方位探讨与实践，取得了较好的效果，以期为我国高校生物技术、生物工程、生物科学、生物制药、食品工程等专业校外实习基地建设提供参考。

一、校外实习基地的基本情况

武汉工程大学生物技术专业校外实习基地——武汉科诺生物科技股份有限公司，位于武汉市光谷的东湖新技术开发区，是国家级高新技术企业，主要从事生物农药、生化农药、饲料添加剂及氨基酸的研发、生产和销售，具有自主进出口经营权。公司拥有亚洲最大的微生物杀虫剂苏云金芽孢杆菌（Bt）的研发和中试基地以及肯尼亚（非洲）Bt生物农药示范工厂。产品行销中国、日本、美国、韩国、朝鲜、越南、西班牙等10多个国家和地区。从2000年开始，接收我校生物工程专业和生物技术专业的学生进行认识实习、生产实习、毕业实习和毕业设计（论文），2002年10月，签署协议成为共建实习基地，2006年10月，正式挂牌成为武汉工程大学实践教学基地。现在，企业与我校形成了良好的基地建设与合作关系。实习基地有发酵车间、前处理和后处理车间、动力车间、包装车间和污水处理站等生产车间岗位，有大型发酵罐、离子交换柱、喷雾干燥塔等多种高新技术生产设备，有 20 多位技术员为基地指导老师，每年接受我校生物技术、生物工程、食品工程以及化学工程与工艺等专业实习学生约 200 人，进行认识实习、生产实习、毕业实习以及毕业设计（论文）等校外实践教学工作，成为我校生物学科及其他相关学科重要的校外实习基地。

二、校外实习基地的实习内容与任务

在武汉科诺公司教学校外实习的车间，主要有发酵车间、后处理车间、动力车间、污水处理站和包装车间等。在各个车间实习的主要内容任务与要求如下所述。

1. 发酵车间：（1）了解发酵车间发酵生物制品的种类与功能；（2）掌握苏云金芽孢杆菌（Bt）与井冈霉素发酵生产工艺流程以及工艺区别；（3）掌握发酵设备功能与原理，发酵管道布置的特点。

2. 后处理车间：（1）掌握 Bt 与井冈霉素后处理工艺流程；（2）掌握碟氏离心机与喷雾干燥塔的工作原理；（3）掌握离子交换树脂提取井冈霉素的工艺流程与原理。

3. 动力车间：（1）了解动力车间的设备与功能；（2）掌握动力车间如何提供水（热水、冷却水）、电、无菌空气、蒸汽。

4. 污水处理站：（1）掌握发酵工厂污水处理工艺；（2）掌握 UASB 反应器和 BAF 滤池的工作原理。

5. 包装车间：了解包装车间的主要设备及其工作原理。

三、校外实习基地的建设思路

实习基地建设，采取校企合作、互利双赢的建设思路。学校采取技术投资为主、资金投入为辅的方式，进行基地建设。学校根据自身化工与制药的学科优势，科学研究和产品研发的师资优势、人才培养的教学优势、以及高素质毕业生众多的人才优势，为企业提供产品研发、技术服务、职工培训以及优秀毕业生人才推荐到企业工作等服务，提高企业和实习基地的创新能力、核心竞争力、科研开发生产实力。企业根据自身高新技术企业的产品开发、设备设施、生产工艺技术、市场辐射、企业管理等方面的优势，为学校提供本科人才培养实习、实训、实践等实践教学岗位，对学校教师进行工程能力培训，吸纳部分毕业生就业等，提高学校人才培养质量与实践创新能力。

四、校外实习基地建设的主要做法

1. 深入细致做好校外实习基地前期选择与商联工作。实习基地建设，一要做好与企业的商联工作，二要积极向学校汇报，获得学校支持。由于做了大量细致的基地建设前期工作以及后期工作，形成了与基地良好互动的合作关系，得到了学校领导的支持与重视，校领导亲自参加基地挂牌仪式。

2. 强化校外实习管理，外树学校形象。实习单位可以通过学生实习，了解一个学校的校风、学风及其综合实力。在校外实习期间，对指导老师和学生从严要求，遵守实习单位纪律，服从管理，保守实习单位技术秘密，树立良好学校形象，获得了实习单位的好评，为与实习单位建立牢固的合作关系，起到良好的推动作用。

3. 精心组织实习基地挂牌活动，确保实习基地的长期稳定健康发展。与实习基地达成协议后，签订"共建实习基地协议书"，并挂牌运行，以此规范运作，明确双方责权利与法律约束，确保实习基地的长期稳定健康发展。

4. 探讨互利合作，谋求共进双赢。现代社会不同单位之间的合作，只有达到双赢，才富有持久生命力，获得双方的认可与支持。在共建双赢的校外实习基地方面，我校充分利用自身化工学科优势，积极探讨与校外企事业单位互利合作意向，在人才培养、科学研究、产品开发、技术服务等方面为企业提供服务，效果显著。

五、校外实习基地建设的具体举措

1. 利用生物化工学科优势和科研优势，成立企业科技开发中心。通过成立企业科技开发中心，解决企业在发展中存在的技术难题，将高校科研成果在企业孵化。

2. 利用师资和办学条件优势，为企业举办各种人才培训。通过为企业举办各种人才培训，提高企业人才素质和专业技能，解决了企业高层次人才缺乏的状况，提高了企业整体水平和综合竞争力。

3. 合作进行科学研究，提高校企科研实力。在共建实习基地同时，我校与企业利用双方优势，就生物化工与生物制药等方面的科研技改项目进行合作，采取委托研究、联合申报科研项目、联合攻关等方式，双方组织力量进行科研攻关，达到互利双赢。

4. 建设大学生就业基地，为企业输送急需高素质人才。在建立实习基地的同时，还与企业签订了大学生就业协议，为企业挑选优秀人才提供帮助，较好地解决了企业用人难以及高校学生就业难的矛盾，形成了互利双赢的人才培养与就业的良好机制。

六、校外实习基地建设的管理实施方法

1. 成立实习基地建设与管理领导小组。实习基地建设与管理领导小组，由学校领导和公司领导任组长，院领导和公司生产部领导任副组长，学校实习指导教师和公司实习指导技术人员任成员。

2. 加强实习教学组织与管理，创新实习教学模式，提高实习教学质量。加强实习教学组织与管理，强化实习教学过程监控，完善实习教学考核评价机制，提高实习指导教师工程素质与指导水平，创新实习教学模式，实行"三段式三结合"实习教学模式，大幅度提高实习教学质量。

3. 加强实习基地的建设与投入，提高实习基地的整体实力与规模。学校与企业加强合作与协调沟通，加大投入，完善设备设施，提高指导教师的素质与能力，强化基地的科学管理与运作，大幅度提高实习基地的整体实力与水平。

4. 建立实习基地建设与管理制度，确保实习基地规范科学运行。根据企业生产实际和学校实习教学要求，建立规范实习基地建设、教学、运行的管理制度，确保达到企业生产增效、学校实习质量提高的双赢效果。

七、校外实习基地建设的合作方式

基地建设采取共建共享、合作共赢的合作方式。学校以科技咨询、技术入股投资、技术服务

等技术投资为主，资金投入为辅，参与实习基地建设。企业以场地、设备设施、资金、技术等投入为主，进行实习基地建设。校企通过共建共享，合作共赢，提高基地建设质量与水平。

八、校外实习基地建设的保障条件

1. 政策保障。提高本科应用型人才实践能力培养，加强实习实践基地建设，纳入国家教育中长期发展规划，湖北省政府专门发文，加强政策支持。学校实施"三实一创"实践能力培养模式，为实习基地建设，提供了政策制度保障。

2. 经费保障。学校为实习基地建设划拨专项经费支持基地建设。企业经济的发展势头强劲，积极支持基地建设，将随着经济发展，加大对实习基地的经费投入。校企双方为实习基地发展，提供经费保障。

3. 智力保障。学校有学科、科研、人才优势，为基地建设提供了智力保障。校内有实习指导教师 20 多人，其中，教授 6 人，副教授 6 人，50% 为博士学位。企业有实习指导技术人员 20 多人，均为企业研发生产技术骨干。高素质的师资队伍，为大学生工程技术应用能力培养提供了坚实的智力支撑。

4. 机制保障。通过校企 10 多年的合作，学校与企业形成了良好的合作关系，建立了良好的实习教学、实习管理、实习模式，这些将为基地建设发展提供较好的机制保障。

九、校外实习基地建设取得的成效

1. 创新实习教学模式，实习教学过程科学规范，实习质量显著提高。采用"三段式三结合"的实习教学新模式，即：实习分为实习前预习阶段、进厂实习阶段和实习后答辩考核阶段等三个阶段；实习采用跟班顶岗实习与劳动就业能力培养相结合、企业技术人员培训与学校指导教师辅导相结合、实习知识掌握和实践创新能力提升与考核评价相结合的三结合新模式。加强实习教学过程管理，提高师生的实习积极性。实习前，有详细实习实施计划和实习教案；实习中，师生全程参与实习过程，教师全程监督检查和辅导解答学生实习技术问题；实习后，组织学生进行实习技术经验交流和答辩，提高学生整体实习质量。

2. 实习基地建设与实践能力培养，有力提高了人才培养质量。以生物技术专业为例，2008 年以来，我校生物技术专业，有 3 名学生 4 次荣获国家奖学金，3 名同学荣获省政府奖学金，24 人次荣获国家励志奖学金；9 人荣获省优秀学士论文奖；1 人荣获省大学生生物技能大赛（综合赛）三等奖；3 人荣获国家发明专利和实用新型专利；2 人荣获湖北省大学生化学（化工）学术创新成果三等奖；2 人荣获学校"求实杯"大学生课外学术科技作品竞赛二等奖。张莹同学在公司进行的"离子交换树脂提取井冈霉素的改进研究"，每年为企业增加 100 万元收入，获得省优秀学士学位论文奖；张昌毅同学在公司进行的"高浓度污水处理工艺研究"，所研究的工艺成为公司污水处理站的核心工艺技术。

3. 实习基地建设，促进了大学生就业，达到校企双赢。企业通过实习以及大学生在企业完成毕业设计（论文）等，选拔优秀的毕业生到企业工作，一方面充实了企业技术人员队伍，解决了企业急需的高素质人才缺乏的问题，企业满意。另一方面，也促进了高校大学生就业工作。近几年，科诺公司共接受了我校 10 多名生物技术与生物工程专业大学生就业。

第五节

高校生物专业实习教学实施计划探讨与实例

制定科学规范和严谨的专业实习教学实施计划，是高校实习教学工作中的一个关键环节，也是创新实习教学模式，切实提高实习教学质量的重要措施之一，对提高学生专业实践能力具有重要意义。进行生物专业实习教学实施计划探讨，结合多年实习教学实际与经验，制定了生物专业实习教学实施计划，为高校生物、生物化工、生物制药、食品工程等专业实习教学提供参考。

高校专业实习包括认识实习、生产实习、毕业实习等，是高等教育人才培养计划中的一个重要环节，也是高校实践教学体系中，教学时间最长、专业系统性最严格、实习内容综合性最强、教学任务最重的一个教学单元，对提高学生专业实践能力、社会适应能力、创新发展能力以及思想道德素质和劳动观念具有重要的意义。为了切实提高高校专业实习教学质量，确保实习教学高效、安全、顺利进行，制定科学规范和严谨的实习教学实施计划，是创新高校实习教学与管理切实可行的措施之一。我们在生物技术、生物工程、食品工程等专业多年实习教学工作中，进行了制定实习教学实施计划的探讨与实践，取得了较好的实习教学效果。

专业实习教学实施计划主要包括如下内容：实习单位情况简介、实习日程安排、实习任务与实习计划安排、实习纪律与实习要求、实习工作安排、实习安全培训、实习考核方式与评分方法、实习经费预算、实习技术要点等。现将我校生物专业在武汉科诺生物科技有限公司进行专业实习的教学实施计划报告如下，以期为我国高等学校的生物、生物化工、生物制药、食品工程等专业实习教学提供参考。

一、实习单位

武汉科诺生物科技有限公司，是位于武汉东湖高新技术开发区内的高新技术企业，主要从事生物农药原药及高效、低毒、无公害生化农药、饲料添加剂原药及其制剂的研发、生产和销售，具有自主进出口经营权。公司拥有亚洲最大的微生物杀虫剂苏云金芽孢杆菌（Bt）的研发和中试基地以及肯尼亚（非洲）Bt 生物农药示范工厂。被国家发展改革委等四部委联合认定为国家级企业技术中心。2005 年 9 月通过 ISO9001—2000 质量管理体系认证。

二、实习日程安排

(1) 实习动员及资料查阅, 1 周。 (2) 进厂实习, 2 周。 (3) 实习总结、实习报告写作, 1 周。

三、实习任务与实习计划

实习任务与实习计划见表 1。

表 1　生物专业实习计划安排表

序号	部门	时间/天	负责人	需掌握的内容
1	发酵车间	4	王主任	(1)了解发酵车间发酵生物制品的种类与功能; (2)掌握 Bt 与井冈霉素发酵生产工艺流程以及工艺区别; (3)掌握发酵设备功能与原理,发酵管道布置的特点
2	后处理车间	4	伍主任	(1)掌握 Bt 与井冈霉素后处理工艺流程; (2)掌握碟氏离心机与喷雾干燥塔工作原理; (3)掌握离子交换树脂提取井冈霉素的工艺流程与原理
3	动力车间	3	王主任	(1)了解动力车间的设备与功能; (2)如何提供水(热水、冷却水)、电、无菌空气、蒸汽
4	污水处理站	3	杨主任	(1)掌握发酵工厂污水处理工艺; (2)掌握 UASB 反应器和 BAF 滤池的工作原理
5	包装车间	1	张主任	了解包装设备及其工作原理

四、实习纪律与要求

(1) 无特殊情况不许请假, 严格遵守实习作息时间和实习纪律, 按时上下班, 不得擅岗职守。

(2) 严格遵守实习单位规章制度, 听从实习单位的安排和实习老师的管理。

(3) 切实注意实习安全, 不得串岗, 不得在工厂闲逛, 不得擅自操作设备, 以免扰乱公司正常生产和导致安全事故。

(4) 实习期间集体住宿, 不得擅自外出, 不得做违法乱纪的事情。

(5) 严守实习单位技术秘密, 不得泄密。

(6) 按时完成实习任务, 写出实习报告。

五、实习工作安排

(1) 实习分为 5 个实习小组, 即发酵车间、后处理车间、动力车间、包装车间和污水处理站各 1 个小组。实习小组每 3～4 天一轮换。

(2) 实习过程包括培训、在岗跟班实习、答疑总结 3 个环节。其中, 培训:包括公司领导进行的安全培训、学校指导教师的讲课、公司车间主任的讲课等; 在岗跟班实习:要求学生在车间全程跟随一个技术工人进行实际学习; 答疑总结:在实习结束前, 请公司技术人员解答学生技术疑问, 使学生的问题在实习单位得以解决。总结交流, 让学生交流各个车间生产技术要点, 探讨技术创新思路, 提高全体学生实习收获, 大幅度提高实习教学质量。

（3）成立由学校指导教师、公司领导、学生干部组成的实习领导小组，确保实习顺利进行。学校指导教师全程在工厂指导学生实习，做好实习指导、实习协调、应急处置、学生成绩考核评价等工作。

六、实习安全培训

（1）安全教育的意义：安全教育，老生常谈，关系国家、企业和个人家庭。

（2）工厂生产特点：生物发酵，存在高压电、高压、高温、蒸汽、强酸、强碱、强腐蚀等危险因素；管道多，一个工序到下一个工序通过管道联系，传动设备多，传递信号多；涉及水、气、料等多种物料。

（3）如何注意安全：按规章制度和操作章程办事。不串岗，不闲逛，不随便动手；禁止抽烟；禁止在工厂嬉戏；开玩笑要把握度。

（4）安全教训：多。如落入电梯机井、蒸汽伤人、污水站沼气中毒、电扇打断学生手指等。

七、实习考核方式与评分方法

实习考核由实习单位评价、实习指导老师评价和实习小组评价组成，评分标准如下。

（1）实习考勤：占40分，包括参加实习的天数考勤、按时上下班考勤等。

（2）实习表现：占30分，包括实习态度、实习表现、实习记录、实习纪律、实习安全、实习内容掌握情况等。

（3）实习报告：占30分，应圆满完成实习任务和实习内容的各项要求，撰写实习报告合格。

八、实习经费预算

包括交通费、住宿费、实习费、资料费、工厂技术人员指导费、讲课费等。

九、实习技术要点

武汉科诺公司主要发酵生产产品为苏云金芽孢杆菌（Bt）。Bt是国际上应用最广、产量最高、用量最大的微生物杀虫剂。以苏云金芽孢杆菌（Bt）发酵技术要点和污水处理技术要点为例说明实习技术要点。

1. 苏云金芽孢杆菌（Bt）发酵技术要点

（1）简介

苏云金芽孢杆菌，为生物杀虫剂，学名为 *Bacillus thuringienis*，菌体成熟时，杆菌一端形成芽孢，与此同时，另一端形成伴孢晶体，伴孢晶体为蛋白质，为杀虫的主要物质。伴孢晶体本身无杀虫活性，当害虫吞食Bt后，伴孢晶体蛋白在昆虫碱性胃肠中消化，一分为二，变成2个小分子量的晶体蛋白，小分子量晶体蛋白才有杀虫活性。它可使昆虫肠穿孔，上吐下泻，得败血症而亡。而人和动物胃肠为酸性，伴孢晶体蛋白不分解为有毒蛋白，故对人和动物无毒。

（2）用途

杀虫剂。对水稻螟虫、棉铃虫、小菜蛾等40多种农林蔬菜害虫，以及仓储、卫生害虫有杀虫活性。

（3）发酵技术要点

① 菌种：2℃沙土管菌株（可以保存3年）→取沙，接入斜面试管→长出光滑圆菌落→加无菌水、玻璃珠振匀→接种到三角瓶培养→升温60℃，3min，营养体死亡，芽孢萌发→接种种子罐（400～4000L），菌种整齐，30℃，培养8～12h→接种到大发酵罐发酵（40t）30℃，培养28～31h。

② 原料：C∶N为1∶2，以豆粕为主要原料，粉碎至80目，发酵液中含固4%。

③ 发酵技术要点。

a. 发酵主要影响因素有：菌种种子质量，接种量6%～10%；发酵液pH；发酵温度，30℃；发酵时间30h；培养基配方；发酵液溶O_2量；灭菌技术等。菌体生长到对数期约25h，溶O_2为3μg/mL以上，发酵过程会产大量发酵热，有泡沫产生（有噬菌体时，泡沫多），加豆油、聚醚等消泡剂进行消泡。

b. 无菌O_2供应：（无纺布）空气过滤（去尘埃粒子）→空气压缩机（升温100℃）→降温去冷凝水（35～50℃）→三级膜过滤→入发酵罐供氧→排气，尾气含Bt，对环境有污染，用旋风分离器除去Bt，再排放无Bt的尾气。

c. 灭菌：用水蒸气空消、再对料液湿消、再连消，蒸汽物料对撞，温度达130℃，降温后入罐。

d. 后处理：发酵液含芽孢、晶体、营养体、N源、抗生素。发酵液预处理，调pH4.0左右，除去发酵液中的N源→100目水筛过滤，除豆皮渣等→碟式离心，6000 r/min→上清液含增效外毒素，下面为菌浆→菌浆或灌装为水剂→或菌浆喷粉，喷嘴转速12000～18000 r/min将菌浆喷成雾状，喷粉进口温度200～240℃，喷粉出口热空气温度90℃，下沉菌粉温度为55℃，菌粉制成粉剂。

2. 生物发酵工厂污水处理技术要点

科诺公司污水主要是发酵后的废水，污水进口COD为1800～2000mg/L，公司每天处理污水140～150t，出口COD为100mg/L，达到国家一类水质排放标准。污水处理站要保存污泥菌种，防污水池污泥活菌意外死亡。

污水处理技术要点为：污水入调节池，栅栏去渣、调COD为1800～2000mg/L、调pH达7.0左右、调水温为室温→上流式厌氧污泥床反应器（UASB）厌氧池，水池底为污泥，厌氧除C，CH_4等沼气排放→曝气生物滤池（BAF），好氧池，曝气池，水由上向下，管道通气，空气由下向上，经过10t氧化硅粒，除去污水中N→澄清池，污泥下沉，水更清→在线检测COD，排放净水。

| 第六节 |

高校提高专业实习教学质量的创新思路与措施

高等学校实习教学对提高学生思想道德素质、综合实践能力和创新精神具有重要的意义。为了提高高校实习教学质量，提出了高校实习教学存在的4个主要问题，探讨了解决这些问题的4条机制创新思路和措施。

高等学校专业实习教学，是理论联系实际的重要渠道，是培养学生专业实践能力的重要途径，也是高校实践教学体系中，教学时间最长、专业系统性最严格、实习内容综合性最强、教学任务最重的一个教学单元。高校专业实习教学的质量，直接影响高校人才培养的质量。加强实习教学管理，创新实习教学模式，进行实习教学机制创新，是切实提高高校实习教学质量的重要措施。

一、高校专业实习教学中存在的问题

专业实习教学，主要包括认识实习、生产实习和毕业实习等，是高校人才培养计划中的一个重要实践环节，已引起高校的广泛关注与重视，特别是2005年教育部启动高校本科教学工作水平评估以后，促进了专业实习教学工作的规范化和科学化，实习教学质量得到了大幅度提升。然而，当前我国高校实习教学的现状与高校的快速发展形势以及"质量工程"要求，还存在很大差距，专业实习教学质量还与社会、学校、学生的期望相差甚远，主要存在如下问题。

（一）专业实习教学管理不规范，体系不健全，对实习教学监管不力

由于传统教育观念的束缚，以及专业实习客观条件制约，高校在教学中，存在重视理论教学、轻视实践教学的问题，对实习教学重视不够，改革力度不大。具体表现为，对专业实习教学管理不规范，体系不健全，对实习教学监管不力。高校对理论教学，有严格的科学的管理措施和监控方法。如：理论教学必须有教学大纲、教学日历、教案、教材等教学文件；有严格的教学纪律约束，如不许旷课、不许迟到早退等；有严格的教学过程监管和教学质量评价，如课堂巡查、同行评教、教学督导评教、学生评教等。而这些在实习教学中，没有有效执行。学生下厂实习后，学校往往是放任自流，缺乏科学规范的监管，同时，学校也缺乏对实习教学质量科学规范的评价体系和评价方法。

（二）"双师型"教师缺乏，实习指导教师素质不能适应专业实习教学的要求

高校专业实习教学是专业性最强、实践性最大、工程性最高教学环节。要求实习指导教师，不仅要具有较高的专业理论水平，较强的教学、科研能力和素质，而且要具有广博的专业基础知识，熟练的专业实践技能，较强的生产经营和科技推广能力、工程实践能力与实践教学能力。目前，我国高校教师，大多数是从高校到高校的学术科研型教师，而经过工厂实践锻炼，具有较强生产应用能力和工程能力的工程技术型教师相当缺乏。实习指导老师的素质缺陷，导致其对工厂生产的工程技术环节不甚了解，不能有效指导学生熟练掌握实习知识与技能，加上部分实习教师对实习教学重视不够，疏于实习教学管理与实习教学现场指导，这些因素是高校专业实习教学质量难以取得重大突破的瓶颈。

（三）校外实习基地难建，实习基地对高校实习教学支持不够

在市场经济条件下，企业以提高经济效益为中心，而高校实习不能为企业带来直接经济效益，而且，现场实习对企业的生产安全和生产计划还会造成一定影响，企业特别是高新技术企业，还存在技术保密的问题以及对学生人身安全问题的担忧等，导致了企业对接收高校学生实习不感兴趣。特别是高校扩招以后，使校外实习基地的资源更为稀缺，同时，由于部分高校对实习基地建设和实习教学重视不够，与社会企事业单位联络不畅等，导致了高校实习基地难建的困局。即使已经建设的实习基地，由于高校与企业没有形成互利双赢的紧密合作关系，实习基地企业虽然允许高校进厂实习，但是参与实习教学的积极性不高，支持实习教学力度不够。主要表现为，企业技术人员对实习学生技术指导流于形式，进行现场技术培训、技术指导、技术解答不深入、不系统、不全面，学生对工厂实际生产技术知识掌握很有限等。

（四）对专业实习教学重要性认识不足，实习教学走过场

高校专业实习是学生接触社会、了解国情、理论联系实际的好机会。由于它与理论教学方式不一样，不要求课后做大量习题和进行理论考试，实习成绩评定具有很大的随意性，因此，无论实习指导老师还是实习学生，都存在着对实习教学重要性的认识不足、重结尾、轻过程、走过场的情况。

二、高校提高专业实习教学质量的创新思路和措施

（一）加强实习教学管理与监控，建立健全实习教学管理体系

加强实习教学管理与监控，建立健全实习教学管理体系，是切实提高实习教学质量的根本措施。要针对目前高校实习存在问题，制定切实可行的实习教学管理规章制度，对实习教学进行有效的规范和监管。

一要建立健全实习教学管理制度。对实习教学的教学大纲、教学计划、教学组织、教学实施、教学检查、教学监督和教学考核与评价等，进行明确的规范，建立明确的规章制度，做到制度落实、组织落实、管理落实和运行落实，做到有法可依、有章可循，确保实习教学质量的稳步提高。二要明确实习教师与学生的职责。对实习指导教师和实习学生的职责、任务、要求作出明

确规定，规范实习期间指导教师和学生的行为，确保实习教学顺利、安全、高效进行。三要建立科学规范的实习教学监控体系。要加强实习教学各环节监控和管理，定期巡查，建立学校、实习基地、学生和指导老师四方信息反馈渠道，严格进行实习考核与评价，强化实习日常监控、过程监控和质量监控。四要将实习教学纳入理论教学管理体系，提高实习教学在高校教学工作中的地位和作用，以此进行制度创新、改革创新和机制创新，大幅度提高高校实习教学质量。

（二）强化对实习教学的领导，科学规范实习教学过程

高等学校校外专业实习教学，对学生增强劳动观念、提高思想道德素质、提高专业实践能力、创新能力和社会适应能力，具有重要的意义，是理论教学所不能达到的。要切实提高学校、教师和学生对实习教学重要性认识，转变重理论教学轻实践教学的思想观念，强化实习教学。要成立学校、院（系）、教研室三级实习教学领导小组或指导委员会，对高校实习教学进行有效领导，切实解决实习教学中存在的问题。为了使实习教学高效、安全、顺利进行，必须对实习教学过程进行科学规范的运行。规范的实习过程包括如下几个方面。

实习前，一要选定实习单位，主要了解实习单位的产品特征、工艺流程和技术方法；二要进行实习动员，使学生了解实习的目的、任务、要求与纪律，布置学生进行资料查阅；三要制定周密的实习实施计划，编写实习技术指导手册。

进厂实习期间，一要成立由实习单位、学校指导老师和学生干部组成的实习领导小组，协调解决和管理学生的吃、住、行、安全等问题；二要进行学生实习分组，按车间、工段等安排学生实习岗位和轮换时间；三要落实实习现场对学生技术指导的方法，采取在岗跟班学习、工厂技术人员讲座和学校指导老师讲课等方法，加强实习技术指导，提高学生的实习质量；四要进行实习过程监控，对实习进度、实习纪律、实习质量进行管控；五要及时、妥善解决实习期间出现的矛盾和问题，确保实习安全。

实习结束后，一要进行实习总结，撰写实习总结报告，召开实习总结大会，让学生交流实习所掌握的技术知识、经验和教训，提高学生整体实习质量；二要进行实习考核与评价，对实习指导老师、学生以及实习质量进行考核与评价，奖优罚劣，采用实习单位评价、实习指导老师评价和学生评价三方结合的方式进行评价与考核，指出成绩和不足，为今后实习提供借鉴；三要进行实习报告写作与学生实习成绩评定，实习成绩主要根据学生实习态度、实习纪律、实习考勤、实习现场表现、实习知识技能掌握情况以及实习报告等方面进行评定。

（三）重视实习基地建设，共建高质量稳定的校外实习基地

校外实习基地，是保障学校实习教学顺利进行的重要条件和基础，是提高实习教学质量的重要平台和支撑。高等学校要切实将实习基地建设，纳入高校教育教学改革与发展的重要目标，充分利用校内和校外两个教育资源，高质量建设校外实习基地，为国家人才培养服务。高校实习基地建设，需要有政策和制度保障，要结合高校实际与专业特点，要以提高实习教学质量为目标。高校实习基地建设的模式主要有："订单培养模式""校办企业模式""共建共享模式""互利双赢模式""企业自主模式"等。

"订单培养模式"，是企业用人单位要求高校为其订单培养人才，要求学生指定到其企业进行实习的模式。这种模式，企业积极性高，实习针对性较强，实习质量高，实习单位对实习教学支

持力度大。"校办企业模式"，是学生到学校自己的校办企业实习的模式。这种模式，校办企业为了支持学校教学工作，通常积极配合，大力支持，学生实习能达到较好的理论联系实际的目的，实习质量与校办企业技术水平有较大关系。"共建共享模式"，是校企双方共同出资建设实习基地的模式。双方以资金、设备、技术、场地为投资，入股建设生产经营企业，利润分成，基地共建共享，同时为学生实习提供场所和条件。这种模式，可解决实习基地难建和不稳的问题。"互利双赢模式"，是高校与企业建设的互利双赢的基地模式。高校通过一系列措施，为企业服务，与企业形成互利双赢的合作局面。如：利用学科优势，成立企业研发中心，解决企业发展的技术难题；利用师资和办学条件优势，为企业进行人才培养；利用科研优势，进行校企合作研究，提高企业科研实习；建立大学生就业基地，为企业输送急需高素质人才等。这种模式，大大提高了企业参与高校实习教学的积极性和支持力度。以上这些基地建设模式，对提高高校实习教学质量具有重要的积极意义。"企业自主模式"，是高校利用自身资源，如老师与企业的关系、领导与企业的关系、企业领导是高校的毕业生的关系等，建立的实习基地模式。这种模式，高校与企业没有实质性的合作关系，实习对高校有利，因此，企业积极性不高，对实习教学支持力度不大。而这种模式，是高校扩招以后，实习基地建设的主要模式之一，也是实习基地难建、实习质量不高的主要原因之一。

（四）大力加强"双师型"教师队伍建设，为实习教学质量提高提供有力保障

高校实习教学指导教师的素质和责任心，是决定实习教学质量的重要因素。现在，高校教师欠缺的是工程实践能力，缺乏既懂理论又懂工程实际的"双师型"教师。教师对企业工程技术设备、流程、工艺不甚熟悉与了解，是不能高质量指导学生的。因此，高校应大力加强"双师型"教师队伍建设，大力提高实习指导老师的素质和水平，确保实习质量的稳步提高。可采取推荐教师攻读工程硕士学位、推荐青年教师到高新技术企业挂职锻炼与研修、实施高校"卓越工程师"工程、聘请高新技术企业技术专家来校讲学与培训、引进有工程实践专长的人才、聘用企业技术专家为高校兼职教师等措施，大幅度提高高校"双师型"教师的素质与能力。

高校利用校外教育资源开展毕业设计（论文）工作的意义

> 毕业设计（论文）是高校人才培养计划中的最后一个教学环节，在培养学生科学研究能力、创新能力、动手能力以及专业技术素质与水平方面具有重要的意义。利用校外教育资源，开展毕业设计（论文）工作，是高等教育发展的迫切需要和时代要求，可以弥补校内教育资源的不足、提高毕业设计（论文）的质量、大幅度提高大学生科研创新能力和综合素质、促进大学生就业。

高校大学生毕业设计（论文）工作，是学生在完成全部专业课程学习之后，结合毕业实习，进行的最后一个综合性实践教学活动，是高校实现本科培养目标的重要教学环节，对提高学生运用所学知识发现问题、分析问题和解决问题的能力、科学研究能力、创新能力、动手能力以及专业技术素质与水平，具有重要的意义。高校扩招后，毕业学生数量剧增，高校专业教师指导大学生毕业设计（论文）工作压力增大，指导学生人数和工作量成倍增加，而高校自身教育教学资源的发展，远远满足不了扩招后对学生培养的需求，如专业教师数量与水平、教师科研项目数量与经费、科研仪器设备数量与质量、专业实验室数量与面积等，很难满足对学生培养的需求，导致高校毕业设计（论文）质量呈下降趋势。因此，高校充分利用校外教育教学资源，将部分学生送出校外，在校外企事业科研单位进行毕业设计（论文）工作，可以缓解高校教育资源的不足，大幅度提高大学生毕业设计（论文）质量。为此，武汉工程大学生物技术专业和生物工程专业，近10年来，进行了充分利用校外教育教学资源，提高生物大学生毕业设计（论文）质量的探索与实践，取得了较好的效果。为了充分利用校外资源为高校人才培养服务，提高本科毕业设计（论文）质量，充分认识大学生校外毕业设计（论文）工作的理论价值与实际意义，现将高校利用校外教育教学资源，开展校外毕业设计（论文）工作的价值与意义做如下探讨，以期为高校提高本科毕业设计（论文）质量提供参考。

一、利用校外教育资源，开展产学研合作教育，是高等教育发展的迫切需要和时代要求

国家中长期教育改革和发展规划纲要（2010—2020）指出：要充分调动全社会关心支持教育的积极性，共同担负起培养下一代的责任，为青少年健康成长创造良好环境；要创新高校与科研院所、行业、企业联合培养人才的机制；要促进高校、科研院所、企业科技教育资源共享，推动

高校创新组织模式，培育跨学科、跨领域的科研与教学相结合的团队。因此，高等学校充分利用校外教育资源，开展产学研合作教育，是高等教育发展的迫切需要和时代的要求。高校毕业设计（论文）工作，是人才培养的一个重要环节，开展校外毕业设计（论文）工作，与校外科研院所、企事业单位联合指导大学生毕业设计（论文），是产学研合作教育的重要途径和方式之一，对高校人才培养质量提高具有重要的实践意义。

二、 开展校外毕业设计（论文）工作，可以弥补校内教育资源的不足，提高毕业设计（论文）的质量

高校扩招后，由于高校在师资、场地、资金、固定资产、设备、图书等诸多方面的教育资源的限制，影响了人才培养质量，人才培养质量呈下降趋势是不争的事实。虽然我国高校之间教育资源存在一定的差异，甚至有较大的差异，但是，任何一所高校都无法仅仅依靠自身校内教育资源培养出社会所需要的高质量合格人才的。高校校内教育资源是有限的，而校外的社会资源是无限的。因此，高校应该充分利用校内和校外两种教育资源为人才培养服务。充分利用校外教育资源，可以弥补校内教育资源的不足，提高人才培养质量。高校毕业设计（论文）工作，除了大部分学生在校内完成毕业设计（论文）工作外，将部分学生送出校外，在校外企事业科研单位，进行联合，培养完成毕业设计（论文）工作，一方面，可以减少校内专业教师指导学生毕业设计（论文）的人数，降低工作压力，提高校内毕业论文质量；另一方面，部分学生在校外进行毕业设计（论文），结合校外单位科研、生产和应用的实际选题，真题真做，研究工作条件、环境和经费有充分保障，研究结果对所在单位具有一定的科学价值和应用价值，校外单位满意，达到了互利双赢的效果，这样，可以显著提高校外大学生毕业论文质量。

三、开展校外毕业设计（论文）工作，可以大幅度提高大学生科研创新能力和综合素质

学生在校外进行毕业设计（论文）工作，论文选题和研究，要结合校外单位的科学研究实际、工程技术开发实际、产品研发与应用实际，研究目标是解决企事业科研单位的科研与生产实际问题，从研究选题、资料查阅、实验设计到科研实验、数据处理分析、论文写作等，学生都要在校外亲自体验科学研究的全过程，通过这种方式的锻炼，可以大幅度提高大学生的科研能力、创新能力和专业技术素质和水平。同时，毕业设计（论文）工作在校外进行，学生离开大学校园环境，接触社会，可以使学生了解国情，了解本专业产业现状和发展趋势，培养团队合作精神和科学精神，显著提高学生的思想道德素质和综合素质。

四、开展校外毕业设计（论文）工作，可以促进大学生就业

动员全社会力量解决大学生就业难，是扩招后高校需要面对的重要课题，也是全社会的共同责任。高校选送大学生到校外进行毕业设计（论文）工作，是利用社会力量促进大学生就业的重要途径。一方面，大学生到校外进行毕业设计（论文）工作，校外全新的环境和研究条件，可以调动学生的工作积极性与主动性，激发学生工作热情与工作效率，达到全面培养学生的目的；另一方面，校外单位通过大学生毕业设计（论文）工作的表现，可以考察大学生的工作态度、工作能力、工作水平以及其思想道德素质，选择优秀大学生到本单位工作。这样，既可以实现大学生就业与单位技术人员招聘的无缝对接，又可以解决高校大学生就业难与单位招聘急需合适技术人员难的矛盾。

参考文献

[1] 韩新才，王存文，熊艺，等．高校利用校外教育资源开展毕业设计（论文）工作的实践［J］．高等理科教育，2013，（5）：116-121.

[2] 韩新才，潘志权，熊艺，等．高校化工特色生物技术专业实验室建设的探索与实践［J］．高等理科教育，2008，（6）：121-123.

[3] 韩新才，潘志权，丁一刚，等．建设双赢的生物化工校外实习基地的探索与实践［J］．化工高等教育，2006，（3）：56-58.

[4] 韩新才，熊艺，王存文．高校生物技术专业校外实习基地建设实践与实例［J］．教育教学论坛，2013，（15）：218-220.

[5] 韩新才，王存文，严静，等．高校生物专业实习教学实施计划探讨与实例［J］．中国科教创新导刊，2011，（19）：46-47.

[6] 韩新才，王存文，熊艺．高校提高专业实习教学质量的创新思路与措施［J］．科教文汇，2011，（9上旬刊）：50-51.

[7] 韩新才．高校利用校外教育资源开展毕业设计（论文）工作的意义［J］．科技创新导报，2013，（3）：196.

[8] 高玉华，丁涛，李刚，等．提高毕业设计（论文）质量研究与实践［J］．高等理科教育，2007，（1）：147-149.

[9] 王世刚，姜淑凤，周成．地方高校本科毕业设计（论文）模式的改革与实践［J］．中国校外教育，2012，（6）：31.

[10] 吉长东，王崇昌．提高本科毕业设计（论文）质量的方法与措施［J］．矿山测量，2011，（6）：98-99.

[11] 薛彩霞．本科毕业设计（论文）存在问题及质量控制措施［J］．高教论坛，2011，（11）：56-58.

[12] 樊文军，张胤，蔡颖．"产学研"结合毕业设计（论文）模式初探［J］．价值工程，2010，（20）：165.

[13] 杜德正，张麦香，杜萍．整合校外教育资源，拓宽学校育人途径［J］．中国校外教育，2012，（20）：3.

[14] 易自力，刘选明，周朴华，等．生物技术专业特色与人才培养模式的改革［J］．高等农业教育，1999，（7）：46-47.

[15] 龙健，乙引．生物技术专业课程体系教学创新探索［J］．中国生物工程杂志，2005，增刊：221-223.

[16] 李红玉．发挥学科优势，搞好生物技术专业实验课程建设［J］．高等理科教育，2006，（3）：90-92.

[17] 邹长军，吴雁，兰贵红，等．生物工程专业实验教学环节的改革与实践［J］．实验室科学，2007，（6）：1-2.

[18] 肖红利，郭泽坤，李亚敏．生物技术专业主干实验体系的建立［J］．高校实验室工作研究，2007，（2）：34-35.

[19] 蔺万煌，欧阳中万，王征，等。注重实践教学，培养生物技术创新人才［J］。实验室研究与探索，2005，24（9）：82-83.

[20] 江家发．高师院校教育实习基地建设的实践与思考［J］．中国高教研究，2005，（5）：64-65.

[21] 黄诗君，阳林，张争荣．工科专业校外实习基地的建设与实习新模式研究［J］．广东工业大学学报（社科版），2004，4（4）：52-55.

[22] 宋书中，姚惠林，葛运旺．产学研结合，培养应用型人才［J］．高等理工教育，2004，23（2）：66-67.

[23] 范海燕，王玉吉．大学生实践教学中存在的问题及解决对策［J］．陕西教育学院学报，2004，20（2）：33-35.

[24] 张海燕．产学结合，积极推进高职教育实习基地建设［J］．广东经济管理学院学报，2005，20（1）：90-93.

[25] 傅志，曾盛绰．校外教学实习基地建设的实践与思考［J］．农机化研究，2005，（5）：255-257.

[26] 英健文，蔡立彬，崔英德．高等工程教育实习基地建设的探索与思考［J］．广东工业大学学报（社科版），2004，4（4）：48-51.

[27] 戴跃侬．加强实践教学，提高人才培养质量［J］．中国大学教学，2005，（8）：43-44.

[28] 虞佳，马云，许金华，等．建设我校生物技术专业校外实习基地的探索与实践［J］．基础医学教育，2012，14（4）：292-293.

[29] 程彦伟，陈伟光，押辉远，等．校企结合建设生物技术专业实习基地实践与探索［J］．洛阳师范学院学报，2012，31（8）：69-71.

[30] 付求医．基于具体岗位制定生产实习计划［J］．科技创新导报，2010，（3）：179.

[31] 姚安庆，王文凯．适应现代社会人才市场需求构建农学类专业实习新模式［J］．当代教育论坛，2007，（5）：52-53.

[32] 张安富．创新实习基地建设探索学研产育人新机制［J］．中国高等教育，2008，（20）：33-34.

[33] 冯秀娟，葛维晨，刘政．关于加强生产实践教学的几点思考［J］．江西教育科研，2006，（12）：75.

［34］　陈国信，陈砺，李再资．实习教学改革探讨及尝试［J］．化工高等教育，2001，(1)：44-46.

［35］　张莉娜，虞海珍，潘学松，等．高校实践教学管理存在的问题及对策浅议［J］．高等理科教育，2008，(5)：72-75.

［36］　谢旭阳，胡兴富．实践教学体系构建和实践教学管理体制创新［J］．实验科学与技术，2008，6 (6)：87-89.

［37］　何新荣，黄合婷．强化实践教学管理，提高学生的创新精神和实践能力［J］．西北医学教育，2008，16 (5)：859.

注：本章是如下基金项目的研究成果："十一五"国家课题"我国高校应用型人才培养模式研究"的重点子项目"生物技术专业应用型人才培养机制创新研究"（FIB070335-A10-01）；全国化工高等教育科学研究"十一五"规划项目"建设双赢生物化工校外实习基地的探讨与实践"（编号：28）；湖北省高等学校省级教学研究项目："构建化工特色生物技术专业人才培养模式的探讨与实践"（鄂教高［2005］20号，项目编号：20050355）；武汉工程大学校级教学研究项目："生物专业人才劳动与就业能力培养模式的探讨与实践"（项目编号：X2012018）。

第四章

创新型人才培养研究与实践

| 第一节 |

基于创新型人才培养的高校课程教学改革——"学生出卷子考试"的实践探索

考试改革是教育教学改革的重要内容之一。在高校课程教学中，实施"学生出卷子考试"改革，是切实提高课程教学质量，培养创新型人才的有益探索和可行途径。本节对"学生出卷子考试"改革的思路、措施、效果和问题，进行了探讨，实施了"重平时——抓课改——考创新"配套改革，优化了"学生成绩量化评定"方法，取得了较好的效果，为高校课程教学考试改革，提供参考。

一、"学生出卷子考试"改革的思路

习近平总书记在 2018 年参加全国人大广东代表团审议时强调："发展是第一要务，人才是第一资源，创新是第一动力"。奋进新时代，筑梦新征程，为国家培养一大批创新型高素质人才，是新时代全社会对高等教育的殷切希望。创新，是指产生新观点、新思想、新方法、新技术或制造出新产品。创新型人才，是指能够打破常规，在原有知识、技术、技巧等的基础上，经过分析、归纳等思维活动和相应的实践活动，有所发现、有所发明、有所突破、有所创造的高素质人才。

在我国高等教育改革中，由于受传统教育观念的影响，高校课程教学模式与考试考核方法，对创新型人才培养，还存在着一些不足，传统灌输式教学模式仍然存在：老师教，学生听，由于教学内容多，有的多媒体 PPT 上课，就像放电影，学生对教学内容会很快忘记；到考试时，为了保证及格率，考前划重点，学生只会复习重点应考；有的学生复习不好，可能考试作弊，会造成不良影响。这种传统的教学与考试模式，不利于学生的想象力和创造力的发挥，不利于学生自主学习能力的提高，不利于学生创新能力的提升。而学生对传统课堂教学与考试的满意度，也普遍较低，仅有 2.79％的学生较为满意，约占 83.21％的学生满意度较低。

考试是教学评价和学习评价的主要方式，课程考试具有一定的检测、评价、导向、发展、调控和激励功能。考试对学生导向作用很强，教师评价什么、考什么，学生就学习什么；教师用什么方式来评价、用什么方式考试，学生就用什么方式来学习。学生始终处于教师"教"与"考"的指挥棒下被动学习，根本没有参与或建议选择课程考试内容、考试方式的自由和权利。在这种模式下，学生的主动权被剥夺，创新意识和创新能力得不到有效培养。因此，教学评价与考试方法，就是一只钳制大学生"是否成才，成什么样的人才"的隐形大手，要培养创新性人才，必须改革教学评价机制与考试考核方法。

在欧美一些发达国家，让学生参与学校各项管理、参与课程考试改革等，已写入各种相关教育法律法规，鼓励学生注重能力培养，自我认识、自我选择、自我设计、自我监督、最终达到自我实现与提高，实现教育的内涵价值。浙江大学的竺可桢学院工科班的学生，期末考试时，"由学生自己出题考自己"，这一考试改革，是我国高校考试改革的一道风景，也为我校"学生出卷子考试"改革，提供了成功的范例。

我校生物技术专业"学生出卷子考试"改革，即在期末考试时，是由学生自己开卷出一套创新性标准考试试题，并给出参考答案，教师根据学生所出试题与答案的质量，评定考试成绩，学生课程总成绩，按照"平时成绩占 40％＋期末考试成绩占 60％"的方法评定。该考试改革，创新考试方法与学生成绩评价体系，发挥学生的主体地位，将学生学习态度、学习过程、学习参与、学习能力纳入成绩评价体系，注重平时学习，注重个性发展，注重创新能力，解决高校学生成绩评价与人才培养机制单一、不利于学生人人成才与个性化发展以及创新能力培养的问题。

通过考试改革，改革长期以来，高校考试以闭卷考试为主要手段，来评判学生成绩的做法，而是充分发挥学生自主学习、自主考试的积极性、主动性和创造性，学生根据自己对课程内容掌握的情况，并以自己的眼光，标定重点和难点，通过自己综合分析思维，创新知识，来出试卷题目并解答，老师根据学生平时表现与出卷子考试情况，评定学生成绩。这样，改变学生长期以来，被动应考、死记硬背、考试作弊的陋习，使考试成为学生主动学习的平台，使学生的考试过程，成为对知识主动学习与归纳总结提高的过程以及创新能力提升的渠道，提高学生学习积极性、主动性与创造性，大幅度提高学生知识、素质与能力，以及课程教学质量、学生学习能力与效率。

二、考试改革实施情况

1. 考试改革的具体实施方式

考试改革的具体实施方式是，改变以前期末考试时由教师出卷，学生闭卷 120 分钟考试的传统考试方式，改革为：在考试周由学生自己开卷出一套 120 分钟的标准考试试卷，并给出参考答案，要求学生所出试卷和答案，要达到题库抽题考试的试卷质量水平。

为了搞好"学生出卷子考试"改革，在课程教学的第一节课，就将考试改革的详细实施方案，如：考试改革目的、考试改革方法、考试改革措施、考试改革要求、课堂教学改革方法、成绩评定方法、考试改革纪律等，向学生宣讲，并发给学生人手一份，使学生人人知晓、个个明白，提高学生参与改革的积极性，并在课程教学全过程，严格按照实施方案实行。

（1）试卷质量。对学生出的试卷质量，提出 3 点要求：一是试卷题型，要求大类题型须有四种以上，如：名词解释、填空题、选择题、简述题、论述题等，题型由学生自己掌握决定；二是试卷内容，应该覆盖全部课程教学内容的 80％；三是试卷的题目，不能太多，也不能太少，以120 分钟闭卷考试时间，大多数同学能够做完为最佳。

（2）试卷监控。一是学生出的试卷，严禁相互抄袭，两份试卷如果有超过10％雷同，该2位同学不及格。二是课堂作业题目，原则上不能作为试题题目，鼓励题目创新。

（3）试题答案。要求试卷答案，既要详细、全面、合理，又要精练、综合、创新。

（4）考试总结。包括改革的效果评价、收获、体会及意见和建议等。

每位学生提交的考试资料，包括：学生自己出的试卷、试卷参考答案、考试改革总结，提交上述资料纸质及电子版各一份。教师根据学生出卷考试情况，进行考试成绩的评定。

2. 考试改革的成绩评定

考试改革成绩评定，采取"学生成绩量化评定"方法，将平时的真实学习情况和考试中表现出来的创新素质情况，定量纳入成绩评定指标，这种评定方法，具有一定的真实性、科学性、规范性和可操作性。

（1）学生课程成绩。由平时成绩占40％与期末考试改革成绩占60％组成。

（2）平时成绩。学生平时成绩40分，由"上课考勤占10分、课堂笔记占10分、课程作业占10分、课堂表现占10分"构成。促使学生坚持到课听讲、勤记笔记、认真完成作业、积极参与课程教学改革与讨论，更加重视平时的学习、平时的积累、平时的提高，打造"金课"，消灭"水课"。

（3）期末考试改革成绩。学生期末考试改革成绩60分，由"试卷题型占10分、试卷知识覆盖课程内容情况占10分、试卷内容综合性与创新性占10分、试卷题目的正确性占10分、试卷答案的正确性占10分、试卷规范性与独立完成情况占10分"等构成。考试成绩评定，更加注重学生的综合知识的运用能力，以及创新思维、创新意识和创新素质在试卷中的体现。

3. 考试改革的保障措施

考试改革解除了闭卷考试"死记硬背、考了就忘、高度紧张"弊端，在课程教学中，学生更加轻松自由，有利于学生自由发挥、自主学习、自我成才，为学生创新素质的形成，提供了宽松的环境。宽松的教学环境，不等于放任自流，如果不加强平时教学的管理、引导和约束，那么平时课程教学秩序和质量，就难以保障，更别说创新人才培养了。为此，我校采取"重平时-抓课改-考创新"的三项配套措施，为考试改革提供有力保障。

（1）重平时。为了配合考试改革，我校更加重视了平时教学，积极开展"一教二士三化（关爱学生、因材施教；自主学习、自主考试；沉闷化为轻松、抽象化为具体、复杂化为简洁）"课程教学改革，将"上课考勤、课堂笔记、作业成绩、课堂教学表现"等纳入平时成绩考核指标，促进学生更加注重平时学习，积极参与平时课堂教学，为考试改革提供了重要基础。

（2）抓课改。除了重视平时教学外，还积极开展以学生为主体的课堂教学改革，切实提升学生的知识、素质和能力，为考试改革提供了有力支撑。如：学生上讲台，学生自由讨论，学生小组学习，学生制作PPT课件，学生课程实习与科研等。仅《细胞工程》课程的"细胞融合"这一章，进行"问题式"课堂教学改革，学生提出的学术问题就多达50多个，而且对这些问题进行了探索与解答。类似这样的教学改革，大幅度地提高了学生的创新兴趣、创新思维、创新素质和创新能力。

（3）考创新。在课程教学的全过程，围绕"创新人才培养"这一主线，鼓励学生对不同知识点的深刻领悟和专研，重视学生创新思维、创新素质和创新能力培养与考核。在期末出卷子考试中，重点考查学生的"创新"素质，如：知识综合运用能力；发现问题、提出问题、分析问题和解决问题的能力；对知识的独到见解和深入钻研能力等。考创新，是考试改革的核心，为考试改革提供了不竭动力。

我校考试改革，从2012年开始实施以来，一直在持续进行，分别在《植物生物学》《细胞工程》《基因工程》《微生物学》等课程实施，有详细的实施计划、周密的组织、科学的改革措施，有师生的积极参与，有学校的大力支持，考试改革效果显著，《植物生物学》和《细胞工程》2门课程，被评为武汉工程大学课程综合改革考试改革示范课程，教学改革成果 2018 年荣获武汉工程大学教学成果一等奖。考试改革，提高了课堂教学质量和人才培养质量，得到了学生的积极参与和高度评价。

三、考试改革效果分析

1. 考试改革显著提高了学生的学习成绩，大幅度提高了人才培养质量

从考试成绩统计分析看，考试成绩基本呈正态分布，成绩评定比较科学规范，反映了学生的实际学习状况。2018 年参加考试改革的生物技术专业《植物生物学》学生成绩为：平均分 79.79；最高分 95；最低分 50；90 分以上占 28.57%；80～89 分占 28.57%；70～79 分占 32.14%；60～69 分占 7.14%；60 分以下占 3.57%。比没有参加课改的班级成绩，有显著提高，班级平均分提高了 5.16 分。考试改革，大幅度提高了人才培养质量和学生的创新素质和能力，仅 2018 年，学生参加全国和湖北省大学生生物竞赛，就荣获 1 个全国三等奖、2 个省级一等奖、2 个省级二等奖、3 个省级三等奖。

通过发放调查问卷，对人才培养质量进行分析，结果表明，以考试改革为核心的综合配套课程教学改革，显著提高了学生的培养质量。

向参与了考试改革的生物技术专业全体学生，发放无记名问卷调查共 91 份，其中 2016 级生物技术 01 班 31 份、2017 级生物技术 01 班 28 份、2018 级生物技术 01 班 32 份，收回 91 份，除 18 级有一个为无效问卷外，收回有效问卷 90 份。问卷调查结果见表 1。

表 1　生物技术专业学生问卷调查考试改革效果一览表

评价指标 调查项目		无课改课程			有课改课程		
		是	一般	否	是	一般	否
学习过程	上课没有玩手机、开小差等不良情况	18.89%	67.78%	13.33%	70.00%	23.33%	6.67%
	课堂合作学习氛围好	24.44%	66.67%	8.89%	94.44%	4.44%	1.11%
	参加课程教学积极性高	25.56%	67.78%	6.67%	91.11%	7.78%	1.11%
学习效果	很大程度增长了知识、提高了技能	38.89%	54.44%	6.67%	83.33%	16.67%	0.00%
	自主学习能力与思维能力得到提高	21.11%	62.22%	16.67%	91.11%	7.78%	1.11%
	提出问题、分析问题和解决问题能力得到提高	20.00%	63.33%	16.67%	86.67%	13.33%	0.00%
	创新精神、创新意识和创新能力得到培养和锻炼	8.89%	72.22%	18.89%	87.78%	11.11%	1.11%
课改反馈		是		无所谓/不确定		否	
考试改革对打造金课是否必要		90.00%		5.56%		4.44%	
是否支持考试改革		94.44%		5.56%		0.00%	
考试改革是否达到预期效果		78.89%		20.00%		1.11%	

从表 1 可以看出，（1）在学习过程中，"上课没有玩手机、开小差等不良情况""课堂合作学习氛围好""参加课程教学积极性高"的比例，课改课程分别为 70.00%、94.44%、91.11%，显著高于非课改课程的 18.89%、24.44%、25.56%。说明课改课堂上学生玩手机、开小差的少，课堂氛围好，学生学习积极性高。（2）在学习效果中，"很大程度增长了知识、提高了技能""自主学习能力与思维能力得到提高""提出问题、分析问题和解决问题能力得到提高""创新精神、

创新意识和创新能力得到培养和锻炼"的比例，课改课程分别为83.33％、91.11％、86.67％、87.78％，显著高于非课改课程的38.89％、21.11％、20.00％、8.89％。说明对学生而言：课改课堂增长了知识提高了技能，提高了自主学习能力和思维能力，以及提出分析解决问题能力和创新能力。（3）在课改反馈方面，"考试改革对打造金课有必要""支持考试改革""考试改革达到预期效果"的比例，分别为90.00％、94.44％、78.89％。说明学生支持课改，课改达到了预期课程教学目的和培养创新型人才的目的。

2. 学生欢迎考试改革，参与积极性高，促进了学生自主学习能力的提高和创新素质的养成

"学生出卷子考试"改革，为我校率先改革尝试，学生非常欢迎，热情高，积极性与主动性都很强，没有一个学生旷考和反对。该考试改革，放下了高举学生头上的闭卷考试大棒，减轻了学生学习压力，激发了学生的学习的欲望，形成了浓厚的学习氛围，促进学生之间的交流，提高了学生独立思考能力，以及发现问题、分析问题和解决问题的能力。学生为了出一份高质量的考卷，认真看书、翻阅课本、复习笔记、查阅课外和网上资料，极大地促进了学生的自主学习。从学生出卷题目与内容看，很多内容超出书本，说明学生查阅学习了大量课外书籍和资料，拓展了学生知识面，大幅度提高了学生学习的积极性、主动性和创造性。韩昌浩同学反馈：这样的考试改革我非常喜欢，让我们自己出题目自己找答案，相对于传统的考试来说，少了几分严肃，多了几分趣味，在找答案的过程中，我发现了自己在课堂上没有注意到的细节，收获了很多。我感觉这样的考试改革是很成功的，大大加强了学生的想象力和创造力，希望学校推广这样的考试改革。

3. 考试改革是对学生知识、素质和能力的综合检验，"出卷子考试"并不容易

学生刚听说自己出卷子考试时，觉得很简单，非常高兴。但是在他们自己出卷子的过程中，深刻体会到：只有对知识全面掌握，对平时课堂非常重视才能出得了试卷；要想出一套好卷子，绝非易事，看似一个简单的过程，却比传统考试更花时间和精力，更是对学生知识、素质与能力的综合检验。吴佳辉同学反馈：为了让出题更加新颖，我翻阅了大量的资料和浏览了大量的网站，更是将课本从头到尾仔细研读了多遍，对课程内容进行归纳总结，消化理解，还以老师身份考虑出题思路，哪些内容适合出什么题，题目是否恰当，分值是否科学，知识点是否全面，答案是否正确，题量是否适当等，在这一系列的过程中，加强了对所学知识的理解，培养了分析问题和解决问题的能力。这种考试，也使我们了解了老师出试卷的不易，我们付出了加倍的努力，也获得了加倍的收获。

四、考试改革的问题与建议

1. "学生出卷子考试"容易出现"放羊"现象

"学生出卷子考试"，学生天然反应是"简单容易，可以包及格"，因此容易放松学习，敷衍了事。本校考试改革以来，每个班都有1~2名学生不及格。分析其不及格原因，主要是"学习态度不端正"。因此，考试改革必须要有具体可操作的实施计划，严格要求、认真实施，才能防止少数学生不负责、走过场、抄袭等不良情况发生，确保改革质量和改革成功，真正达到提高课堂教学质量和培养创新型人才的目的。

2. 教师的教学水平和组织能力是考试改革成功的关键因素

考试改革是系统工程，使命光荣、任务艰巨、工作量大，教师的知识素质能力和奉献精神，是改革成功的关键。一是教师要有真正讲好课的本领，即课堂能力强，能让学生"服气"；二是教师要有详细改革实施计划，即组织能力强，能让学生"服从"；三是教师要有严格考试改革纪律，即实施能力强，能让学生"服管"；四是教师要有认真负责的奉献精神，通过教学，让教师的价值，在学生身上辉煌绽放！得到学生真心地尊敬、喜欢、赞美！

3. "学生出卷子考试"改革对创新性人才培养是有益的探索

高校的课程教学，要求学生掌握的内容，主要有三方面：一是基本知识、基本理论和基本技能；二是综合分析问题和解决问题的能力；三是创新意识和创新能力。科学的考试观，以学生的全面发展为目标，促进学生知识、素质、能力协调发展，促进学生创新精神与实践能力的培养，使每一位学生都能发挥自身的潜能，激发学习的积极性、主动性，实现全面发展。考试的目的，不仅是为了使学生掌握所学的知识，而且更加强调通过考试，让学生学会学习，增强学生掌握知识的能力，个性得到尊重，鼓励学生个性化发展，培养学生的创新精神和创新能力。

学生自主出卷考试，对所学的知识进行整理的过程，就是一个很好的学习过程，相应地也能大大提高其分析思考和总结归纳的能力。学生在自主出卷考试中，对于不同知识点，有深刻的领悟和专研，对问题进行全面思考、深入分析和评判，使学生的想象力、分析力、判断力得以彰显，学生的求异思维、创新意识和创新能力得以弘扬，有利于学生个性发展，有利于学生创新思维的发散，有利于人人成才，对创新型人才培养极为重要。通过这一尝试，配合平时营造的氛围、调动学生自主学习的能力，我校教学质量显著提升。

本校"学生出卷子考试"改革，不仅改革考试机制，而且配合考试改革，实施"重平时-抓课改-考创新"的三项配套措施，优化"学生成绩量化评定"方法，综合施策，这些改革，对课程学习目标的实现和学生创新能力的培养，无疑都起到了重要的促进作用；对高校教育教学改革和创新型人才的培养，无疑是一个有益探索，具有一定的理论价值、实践价值和参考借鉴价值。

第二节

卓越工程师人才培养工程教育体系的探索

卓越工程师人才培养是国家培养新型工业化人才的重要举措，是高校教育教学改革的重要方向。为了切实提高卓越工程师人才培养质量，武汉工程大学化学工程与工艺专业，针对我国卓越工程师人才培养存在的问题，根据学校卓越工程师人才培养的基础与条件，在人才培养模式、人才培养方案、课程体系、师资队伍建设、实践教学改革、校企合作等方面，进行了卓越工程师人才培养工程教育体系的改革与实践，取得了一定的效果，为我国高校化工专业卓越工程师人才培养提供参考。

卓越工程师教育培养计划（简称：卓越计划）始于 2010 年 6 月，清华大学等 61 所高校被教育部批准为第一批实施高校，2011 年教育部出台了《教育部关于实施卓越工程师教育培养计划的若干意见》，并批准了 133 所高校为第二批实施高校。我校化学工程与工艺专业（简称：化工专业）被纳入第二批实施高校中，近几年来，我校化工专业，根据教育部对卓越计划的要求，依托学校化学工程与技术学科优势，以提升学生工程实践能力为中心，围绕卓越工程师人才培养目标定位，在人才培养模式、人才培养方案、课程体系、师资队伍建设、实践教学改革、校企合作等方面，进行了卓越工程师人才培养工程教育体系的改革与实践，取得了一定的成效。

一、对卓越工程师人才培养存在问题的思考

新型工业化是我国提升整体实力、建设创新型国家和跻身世界强国的必由之路，需要大量的创新型工程技术人才和卓越工程师。卓越计划，是落实国家走中国特色新型工业化道路、建设创新型国家、建设人力资源强国等战略部署，加快转变经济发展方式，推动产业结构优化升级和优化教育结构，提高高等教育质量的战略举措。然而，我国高校在人才培养理念上，长期存在的"重理论轻实践、重科学轻工程、重研究轻技能"的观念，没有得到根本改变，几乎所有大学的顶层设计都是"高水平""研究型""一流"，而培养"工程师"，就有低人一等的感觉，在人才培养规格中，"工程师规格"几乎消失。

科学是探索世界的本源，工程是创造世界没有的东西，而科学与工程又是密不可分的。卓越工程师，必须兼具科学家探索精神和工程师创造力的双重品质。卓越计划培养的人才，不是拔尖的研究型人才，而是为企业培养的具有探索精神和创造力的杰出工程师，培养卓越工程师，要着力提高学生服务国家和人民的社会责任感、勇于探索的创新精神和善于解决问题的实践能力。因

此，卓越计划实施高校，不仅仅是实力和荣誉的象征，而且肩负着切实为国家培养高质量卓越工程师人才的重要责任。培养卓越工程师，使命光荣伟大，任务艰巨复杂；不是低水平，而是高质量；不是权宜之计，而是战略选择；是高校教育教学改革的重要方向。

由于历史和现实的各种原因，在卓越计划实施过程中，还存在一些具体的问题和困难，除了要提升教育教学观念外，工程教育教学模式和教学体系陈旧单一、高校高水平工程教育师资缺乏、学生工程教育实践训练不足、校企联合培养卓越工程师机制不健全和难度较大，以及高校对卓越工程师人才培养的考核评价体系与激励机制有待建立与完善等，都是卓越计划实施存在的问题和难点。针对这些问题，探索解决的方法与途径，采取相应措施与对策，切实加以认真解决，对于卓越计划的顺利实施、卓越工程师人才培养质量的提高，具有重要意义。

实施卓越计划，培养卓越工程师，必须要有一定的基础和条件，才能确保卓越计划的顺利实施，才能为卓越工程师人才培养、改革与实践提供必要的条件、基础、保障和支撑。

二、我校实施卓越工程师人才培养的条件和基础

我校化工专业是依托化学工程与技术优势学科而成立的品牌专业，要培养化工专业卓越工程师，必须充分利用化工学科优势，在师资、平台、设备与资金等多个方面，为卓越工程师人才的培养，提供条件、基础、保障与支撑。

化学工程与技术一级学科，是我校的优势学科，经过40多年的建设与发展，该学科已经成为湖北省乃至中南部地区具有影响的优势学科之一，2013年被国务院学位委员会批准为博士学位授权学科。我校化工优势学科以及化工专业建设成果，为卓越工程师的培养提供了较好的条件、基础与保障作用，主要表现有四个方面。（1）师资力量雄厚，为卓越工程师的培养提供有力智力支持。在师资上，有在编教师75人，其中，有教授33人，博士生导师13人，博士学位教师41人，百千万人才工程国家级人选1人，国家杰出青年科学基金获得者1人，教育部新世纪优秀人才支持计划获得者6人，在岗"湖北省楚天学者计划"特聘教授7人，享受国务院和湖北省政府特殊津贴专家6人。（2）实践与科研平台强劲，为卓越工程师的培养提供较好的实践舞台。在平台方面，学科拥有"国家磷资源开发利用工程技术研究中心""绿色化工过程教育部重点实验室""湖北省新型反应器与绿色化学工艺重点实验室""环境与化工清洁生产国家级实验教学示范中心"等20余个省部级以上教学科研平台。（3）教学科研成果丰硕，为卓越工程师人才培养提供了广阔的发展空间。近5年以来，在科研上，承担了973计划前期研究专项项目、教育部长江学者及创新团队计划项目、国家自然科学基金重点项目等国家级项目近50项，省部级项目70余项，总研究经费7500余万元；发表SCI、EI等收录论文330余篇；获国家授权发明专利78项；获国家科技进步二等奖、湖北省科技进步一等奖等省部级以上成果奖励32项。在教学上，主持国家级、省级等省级以上教学研究项目近20项，获得国家教学成果二等奖、湖北省教学成果一等奖等省级以上奖励近10项。（4）专业建设成果为卓越工程师人才培养奠定了坚实的基础。我校化工专业，经过40多年的建设与发展，取得了一定的成绩，现在是国家级特色专业、省级品牌专业、教育部全国工程教育认证专业，以及省级拔尖创新人才培育试验计划、教育部卓越工程师教育培养计划、湖北省战略性新兴（支柱）产业培养计划的专业；专业具有"反应工程"国家级教学团队、"化学反应工程"国家级视频公开课程、"有机化学及实验"国家级双语教学示范课程、国家级"环境与化工清洁生产实验教学示范中心"等4个国家级教学质量工程项目；具有

化工原理、物理化学、基础化学等 3 个省级精品课程，以及"湖北省化学基础课实验教学示范中心"等多个省级教学质量工程项目。化工学科与化工专业的发展现状，为我校化工专业卓越计划的实施，奠定了坚实的基础。

在化工学科与化工专业建设发展基础上，我校化工专业广泛开展了基于卓越工程师人才培养的工程教育体系的改革与实践，取得了较好的成效。

三、化工专业卓越工程师人才培养工程教育体系的探索

（一）根据"两型两化"和"一主四翼"的人才培养要求，优化构建工程教育"三实一创"人才培养体系和"3+1"校企联合人才培养模式

卓越工程师是为企业服务的杰出工程技术人才，他们的工程设计、应用、创新等工程能力，对企业的发展至关重要。因此，高校在卓越工程师人才培养上，必须改革和创新工程教育人才培养模式，着力提高学生服务国家和人民的社会责任感、勇于探索的创新精神和善于解决问题的实践能力。

我校是中央与地方共建、以地方管理为主、行业划转的省属普通高等学校，具有明显的化工行业特色与化工学科优势，在传承工程能力培养的基础上，根据现代教育教学理念和学校服务面向与定位，学校提出了"两型两化"和"一主四翼"的人才培养要求。"两型两化"，即"创新型、复合型，工程化、国际化"；"一主四翼"，即"以工程实践能力培养为主，满足创新型、复合型、工程化、国际化人才成长需要"。它们分别是我校人才培养目标定位和人才培养原则。根据学校人才培养的目标定位与原则，优化构建了基于卓越工程师培养的"三实一创"的人才培养体系，以及"3＋1"校企联合培养卓越工程师的人才培养模式。"三实一创"，即"实验、实习、实训与创新"，该人才培养体系，以工程实践能力培养为中心，着力培养学生具备"扎实的化学化工理论功底、熟练的实验操作技能、严谨的工程实践能力、强烈的科技创新意识"，该教改成果荣获湖北省教学成果一等奖。"3＋1"人才培养模式，即"3 年校内培养，1 年企业培养"，是指累计有 3 年时间，在校内进行理论知识学习和实践环节训练，培养学生基本理论知识、工程意识、工程实践能力以及人文科学素质；累计有 1 年时间，在企业进行顶岗实习、工程训练、工程实践以及毕业设计，培养学生工程素质、职业素养和工程实践创新能力。

（二）校企密切联系，优化构建基于卓越工程师培养的专业人才培养方案

人才培养方案是高校贯彻国家教育方针和实现人才培养目标的实施方案，是学校对教学过程组织和管理、对教学质量监控与评价、对教育教学改革和人才培养模式创新的主要依据，是学校办学定位、办学特色、教育教学理念和文化底蕴的重要体现。我校化工专业卓越工程师人才培养方案，在传承历年专业人才培养方案的同时，根据卓越工程师人才培养要求和学校特色，与企业广泛联系，校企合作，对培养方案进行了优化创新。

1. 在制定培养方案的过程中，科学民主，充分结合化工企业实际。为了使我校化工卓越工程师培养方案更加科学规范，更加适应我国化工企业生产发展要求，在制定培养方案过程中，经过了 4 个程序。首先，向全国 40 多家大中型化工企业发出问卷调查，了解企业对化工人才知识素质能力的要求，以及对学校课程体系和教育教学改革的建议，将企业反馈意见作为人才培养方

案优化的重要依据之一；其次，学校专业教研室根据国家对卓越工程师的培养要求、学校专业建设发展实际，以及化工企业的人才需求状况，对培养方案、实践教学、课程体系等进行多次讨论修改，达成一致意见；然后，在培养方案定稿前，邀请10多名全国化工企业工程技术专家到学校，对培养方案进行论证修改完善；最后，培养方案通过学校学术委员会审定后定稿。通过这些举措，确保培养方案的先进性、科学性和工程性。

2. 卓越工程师人才培养方案，走与学术型培养目标错位发展道路。我校培养方案，以培养"厚基础、宽能力、重实践、强应用"的应用型卓越工程师为目标；以化工工程实践能力培养为核心；以分类定位、大类教育、特色培养为手段；以促进学生创新精神和实践能力培养、人文素质养成以及全面发展为重点。其人才培养目标是："立足湖北、面向中南、辐射全国，服务于区域经济建设和大化工行业发展，培养德智体美全面发展，具有创新意识、人文素养和职业道德，具备系统扎实的专业基础理论知识、基本技能和宽广的专业知识面，具有一定的对化工新产品、新工艺、新设备、新技术的研发能力和较强的工程设计能力，一定的市场开拓和认知能力，良好的外语及信息获取能力，能够胜任化工、石油、能源、轻工、环保、医药、食品及劳动安全等部门工程设计、技术开发、生产管理和科学研究的应用型高级工程技术人才"。

（三）理论与实践相结合，优化构建具有"理论-实践-创新"特色的工程教育课程体系

课程体系是实施人才培养目标的施工蓝图，是组织教学活动的主要依据，是培养学生知识素质能力的主要载体。根据人才培养规律和现代工程教育理念，我校按照"理论与实践相结合，工程与创新相结合"的原则，优化构建了具有"理论-实践-创新"特色的工程教育课程体系。该课程体系主要包括理论教学平台、实践教学平台和创新教学平台三大体系。理论教学平台，由通识教育课程、学科基础课程、专业课程组成，共128.5个学分，占总学分的66.2%，着力培养学生的科学人文素质、思想道德品质和化工专业基础理论知识和专业知识；实践教学平台，由实验、实习和实训组成，包括实验、实习、实训、课程设计、毕业设计（论文）等，共61.5个学分，占总学分的31.7%，着力培养学生系统的化工专业工程实验、工程设计、工程开发应用等实践能力；创新教育平台，由课程创新教育、学术创新活动、素质拓展活动等组成，包括创新教育课程、学术创新项目、学科竞赛、课外科技活动、专业技能培训、社会实践等，要求必须修满4个学分以上才能毕业，占总学分的2.1%，通过创新教育，着力提高学生的创新意识、创新素质和创新能力。

（四）按照"国际化、博士化、工程化"的师资队伍建设目标，着力建设高素质的工程教育师资队伍

教师既是专业理论的传播者和研究者，又是专业工程的实践者，更是学生工程意识的指导者。因此，教师的工程理论素质和工程实践能力，对卓越工程师人才的培养至关重要。要培养高质量的卓越工程师人才，必须要有一支师德高尚、业务精湛、结构合理、充满活力的高水平的工程教育师资队伍。

为了切实提高教师的工程教育素质和工程实践能力，我校进行了探索与实践。一是学校出台了"青年教师工程能力培养提升计划"，提出了"国际化、博士化、工程化"的师资队伍建设目标，将教师的工程技术能力培养和师资队伍工程化，纳入学校发展规划。二是学校每年选派1～

2 名青年教师到化工企业挂职顶岗锻炼一年，增强青年教师的工程实践能力。三是开展传帮带活动，每名青年教师指派一名工程实践能力强的老教师给予传帮带，同时，在专业实验室建设和工程实践中心建设中，要求青年教师必须全程参与，以此提高其工程实践能力。四是加大工程技术人才引进力度，重点引进国外著名大学留学回国工程技术人才和国内有企业经历的高水平工程技术专家，近几年新引进教师有近 20 人。五是聘请企业工程技术专家担任兼职教师，指导学生实习、工程设计、工程开发应用、毕业设计等，弥补学校工程实践教师的不足，近几年共聘请了 70 多位校外工程技术专家担任专业兼职教师。通过以上举措，专业教师的工程实践能力得到了显著提升，目前，专业在编的双师型教师有 18 人，具有国外工程教育背景的教师有 17 人，具有工程实践能力的教师比率达到 46.7%。

（五）全方位开展工程实践教学"平台建设-教学改革-科技创新"，着力提升学生工程实践能力和创新能力

卓越计划瞄准的是企业，培养的人才是能下到企业并能发挥重要作用的工程技术人才。因此，学生能运用所学知识解决企业实际问题的工程开发应用能力、工程设计能力、工程创新能力等工程实践能力的培养，是高校的培养重点。为了切实提高学生的工程实践能力，我校在以下 3 个方面进行了工程实践教学改革。

1. 加大工程实践教学平台建设，打造工程实践能力培养舞台。近年来，在拥有 1.5 万 m² 实验室面积和 2000 多万元仪器设备的基础上，通过三步走，加大工程实践教学平台建设与资金投入。第一步，学校利用中央财政支持地方高校建设资金，新投入了 800 万元用于"环境与化工清洁生产国家级实验教学示范中心"建设，300 万元用于化工原理实验室建设，500 万元用于化工专业实验室建设。第二步，学校整合自有设备以及湖北宜化集团、武汉人福药业、黄麦岭磷矿等共建企业的各类工程设备，建设面积达 7000 m²、设备共 700 余台的校内工程教育实践中心，该中心有仿真系统、单元设备拆装、单元设备操作、工程模拟系统等多个工程实践平台，目前已经启用 2000 m²。第三步，学校利用国家支持中西部高校基础能力提升计划的 1.2 亿专项资金，建设面积达 5 万 m² 的大化工实践中心，目前资金已落实到位，项目已经启动。工程实践教学平台的建设，为学生工程实践能力的培养，提供了重要的舞台。

2. 加强工程实践教学改革，提高学生工程实践能力。采取"实验课程重设计、仿真教学重理解、专业实习不间断、工程设计不断线"的方式，提高学生工程实践能力。一是在专业实验课程中，在确保学生掌握化工基本实验技能的基础上，在四大化学、化工原理、化工专业实验等实验课程中，开设多项设计性实验，如：超临界二氧化碳流体萃取植物油实验、撞击流气液反应器氨法脱除燃煤烟气中的 SO_2、磷酸脲结晶动力学亚微观可视化实验、水性聚氨酯合成及应用等，提高学生工程实验设计能力。二是在仿真教学上，利用学校仿真平台和中石化武汉分公司等企业仿真平台，进行仿真培训，仿真教学结合化工原理实验、化工过程模拟和化学反应工程等专业课程的教学内容，加深学生对理论知识的理解。三是在实习教学上，大学四年不间断，大一有金工实习、大二有认识实习、大三有生产实习、大四有毕业实习，通过实习，不断加深学生对企业工程制造、施工、运行、生产、管理、研究开发等工程环节的认识、理解和热爱。四是在工程设计教学上，大学四年不断线，大一有工程实训、大二有化工原理课程设计、大三有专业课程设计、大四有毕业设计，通过工程设计教学，不断提高学生工程设计的理论知识水平和实际设计能力。

3. 广泛开展科技创新活动，提高学生工程创新能力。利用学术创新项目、学科竞赛、课外科技活动、社会实践等平台，广泛开展科技创新活动，如：参加"中国石化三井化学杯"大学生化工设计大赛、全国"挑战杯"课外学术科技作品竞赛、湖北省大学生学术创新成果报告会、湖北省化学实验技能大赛等各类赛事，培养学生工程技术创新能力和设计能力，近3年，学生在省级以上各类创新大赛中，获奖50多项，例如在"中国石化三井化学杯"全国大学生化工设计大赛中，2012年获得了全国二等奖2项、2013年获得了一等奖1项和二等奖1项。此外，学生在老师指导下，积极参加学校组织的"创新实验项目""大学生校长基金"等学术创新活动，锻炼创新思维和创新素质，近3年，学生获批学校大学生校长基金、创新实验项目近30项。在社会实践活动中，学生到祥云化工、广济药业等企业进行社会实践和志愿服务，了解企业现状，服务企业生产，在社会实践中提高思想道德品质和职业素养，表现优秀，受到了湖北省团委表彰。

（六）成立湖北化工联盟加强实习基地建设，着力提高学生工程实战能力

1998年高校扩招以后，由于高校教学资源不足以及很多企业不愿意提供实习场所，导致学生工程实践能力严重不足，难以适应经济社会发展需要和现代企业发展要求。培养卓越工程师，必须校企联合，让学生在企业生产的现实环境中，提高工程设计、工程开发应用和工程创新能力。为此，我校在如下3个方面进行探索与实践。

1. 成立湖北化工联盟，协同创新卓越工程师人才培养途径。2011年7月，本着"资源共享、优势互补、共同发展、多方互赢"的理念，由我校牵头，以化学工程与工艺专业为平台，将湖北省开设相关专业的25所高校、具有相关行业背景的20家企业有效整合起来，组建了湖北省化学工程与工艺专业校企合作联盟（简称湖北化工联盟），通过共享优质资源平台、共同制订人才培养方案、联合组建实践教学基地、合作开展教学与科研项目研究等多种形式，全方位推进校企联合办学，联盟为卓越工程师人才培养，在解决实习基地难建、双师型教师不足、实习经费欠缺、工程设计真题真做比率低等问题上提供了新的动力，创新了人才培养体制机制，全方位多层次推进了卓越工程师人才培养的协同创新。

2. 广泛联系国内化工企业，建立校企合作实习基地。我校卓越工程师培养的定位是，立足湖北、面向中南、辐射全国，服务于区域经济建设和大化工行业。因此，瞄准国内优秀的大中型化工企业，建立实习基地，对人才培养极其重要。为此，我校广泛联系国内化工企业，与企业形成产学研协同、校企合作、互利双赢的协同创新关系，共同培养卓越工程师人才。目前，与国内10多家大中型化工企业签订了校企合作协议，如：中国五环化学工程公司、湖北宜化集团公司、北京燕山石化公司、中国石化集团长岭炼油化工公司、广西柳州化工集团公司、天津渤海化工集团公司、中盐株洲化工集团公司、湖北金源化工公司、宜昌兴发集团公司等。这些校外实习基地，涉及多种化工产品、各类化工过程和工程技术与装备，为学生提供了大量化工生产的工程信息，如生产车间、工程设备、管道布局、化工仪表与自动控制、工艺流程与工程装备图纸、化工单元操作手册、工艺操作手册、安全生产手册和三废处理等，很好地满足了工程实践的教学需求，学生通过现场实习，增强了工程意识，提高了工程实践能力。

3. 利用企业工程实践平台"真题真做"，提高学生工程实战能力。一是以"工程项目驱动法"组织工程教学与实践，将企业要解决的工程实际问题转化为真实工程项目和设计题目，让

学生运用各种工程技术手段完成项目规定任务，在此过程中，不仅仅是解决了一个具体的工程实际问题，并由此掌握了相关的知识，更重要的是使学生由被动地接受知识，转化为主动地寻求知识，进而培养了学生自主学习、团队合作、独立发现问题、分析问题、解决问题的能力。二是利用湖北宜化集团公司等企业工程实践训练平台，开展真题真做的"宜化模式"毕业设计改革。毕业生到企业完成毕业设计（论文），课题来源于企业，真题真做，达到了校企互利双赢。不仅设计题目与企业工程实际结合紧密，设计成果对企业发展有利，而且学生通过工程实战训练，熟悉了工程设备操作使用技能，掌握了企业生产运行工艺流程，大大提高学生工程实践动手能力、工程设计能力以及科学研究与创新能力，该项改革得到了湖北省教育厅的表彰和推广。

第三节

在生产实习中注重学生劳动与就业能力培养的探索与实践

生产实习是高校人才培养方案中的一个重要教学环节，在培养学生实践能力、思想道德素质和劳动就业能力等方面具有不可替代的作用。本节论述了武汉工程大学生物技术专业，近 5 年来，在生产实习中，以就业为导向，采用"边劳动边学习边实践"的实习新模式，培养大学生劳动与就业能力的思路、措施、效果，为我国高校生物专业提高大学生劳动与就业能力和实习教学质量提供参考。

生产实习是本科人才培养方案中的一个重要实践教学环节，在培养学生专业实践技能、理论联系实际能力、分析解决问题的能力，以及劳动观念、思想道德觉悟和劳动就业素质与能力等方面具有不可替代的作用。生物类专业生产实习是学生学习了植物学、动物学、微生物学及生物化学等专业基础课后的一次实习，通过实习，使学生全面认识了解生物技术产业的生产过程、工艺技术、管理措施、经营状况，加深对生物专业基础课的理解，为后续专业课程的学习和毕业设计（论文）工作打下基础，同时，为毕业后从事生物技术产业的生产、研究、管理提供工作经验。学生亲自参加生产劳动和专业实践锻炼，对培养学生劳动与就业素质和能力具有重要的意义。为此，武汉工程大学生物技术专业，近 5 年来，在生产实习中，采用"边劳动边学习边实践"的实习新模式，着重进行了学生劳动与就业能力培养的探索与实践，取得了较好的效果，以期为我国高校生物专业提高大学生劳动与就业能力和实习教学质量提供参考。

一、在生产实习中培养学生劳动与就业能力的思路

1. 注重学生劳动与就业能力的培养，是高校人才培养的重要内容

2010 年全国教育工作会议上胡锦涛同志就推动教育事业科学发展提出了 5 项要求，即"优先发展、育人为本、改革创新、促进公平、提高质量"。其核心是，要以人为本，全面推行素质教育，创新人才培养模式，着力提高学生的学习能力、实践能力、创新能力，促进德、智、体、美的有机结合，促进教育与生产劳动相结合，实现学生全面发展。因此，大幅度提高大学生劳动与就业能力，是党和国家对高校的殷切希望。

高校扩招后，大学生就业难是所有高校面临的严峻课题，其主要原因：一是高校在人才培养上，普遍存在毕业生知识能力结构失衡，与社会需求存在较大差距；二是大学生劳动观念不强，怕苦怕累，就业能力和自主创业能力不能适应社会需求；三是高校在人才培养上，对大学生劳动

就业能力培养重视不够，力度不大，毕业生就业竞争力不强。高校的主要职责是培养德智体美全面发展的社会主义建设者和接班人，大学生劳动与就业能力大小直接反映人才培养质量与素质高低，因此，强化学生劳动与就业能力培养，是高校人才培养的重要内容，也是高校创新人才培养模式的重要方向。

2. 注重学生劳动就业能力培养，可以大幅度提高学生思想道德素质

全面实施素质教育是教育改革和发展的主题，是时代的要求，核心是培养什么人、怎样培养人的问题，着力点是提高学生服务国家、服务人民的社会责任感，形成正确的世界观、人生观、价值观。正确的世界观、人生观和价值观，需要终身努力与实践才能树立，其核心是遵纪守法、艰苦朴素、热爱劳动、积极奉献。在高校生产实习中，创新实习教学模式，采用生产劳动与现场教学相结合的方式，让学生亲自参加生产劳动，在劳动中提高实践能力，付出艰辛的努力，流出辛勤的汗水，亲自体验粒粒皆辛苦的道理，可以增强学生对劳动人民的感情，让学生了解国情、珍惜生活，激励奋发向上的意志，大幅度提高学生劳动与就业素质和思想道德素质。

3. 注重学生劳动与就业能力培养，有利于提高学生的就业率

用人单位招聘毕业生时，往往要求学生具备一定的实际工作经历和实际生产经验，而大学生工作经验和实践经验的积累，主要是在实习基地的实习和锻炼。通过校外实习教学，可使学生对现代生物技术产业的生产技术、工艺设备、产品研发、市场营销等各个环节有一定了解，尤其是亲自参加企业生产岗位的锻炼和培养，可以大大提高学生就业的竞争力。同时，生物技术企业根据学生实习表现和能力，可以了解一个高校的学风和校风以及人才培养质量，可以选拔高校优秀毕业生到企业工作，这样，可以拓宽大学生就业渠道。

二、在生产实习中注重学生劳动与就业能力培养的具体措施与实践

1. 创新生产实习教学模式，提高学生劳动与就业素质

提高大学生的劳动与就业素质与能力，必须增强学生的劳动观念和艰苦奋斗与吃苦耐劳的精神，通过实习，给学生以思想上的震撼，提高认识，崇尚劳动光荣，珍惜大学宝贵时光，刻苦学习，为今后服务社会、报效国家打下坚实基础。目前，我国高校由于实习基地难建，以及实习单位出于安全考虑，学生实习期间动手少了，参加生产劳动少了，实习变成了袖手旁观、隔岸观火，实习效果和质量不佳也成为普遍现象。加上大学生普遍存在劳动观念缺乏、吃苦耐劳与艰苦奋斗精神不足的问题，这些都成为高校提高学生劳动与就业能力的重要瓶颈。

为了在生产实习中大幅度提高学生劳动与就业素质，我们精心选择了生产实习单位。实习单位为武汉如意农业开发有限公司，该公司是现代农业生物技术龙头企业，集无公害蔬菜生产、加工、销售、出口于一体，蔬菜种植模式生态、环保、绿色，其特点是集约化种植生产、产业化工厂加工，体现了现代农业的绿色、环保、健康理念。2010年8月23日中央电视台新闻联播节目头条，以"湖北武汉：小毛豆'转'出大市场"为题，宣传了该企业的先进事迹。

在生产实习中，我们创新实习教学模式，改变以往"参观式"的实习过程，让学生深入企业农业生产各岗位，与职工同劳动，在劳动中学习。学生亲自参加了种菇、除草、施肥、播种、采摘、加工等多种农业生产劳动，同时，请公司技术人员进行现代农业生物技术专题讲座4次，带队老师进行专题辅导讲课1次，现场解答学生在实习中存在的生产理论与实践问题。生产实习采

用的"生产劳动与现场教学相结合、学习与实践相结合、实习单位技术人员指导与学校带队老师辅导相结合"的"边劳动边学习边实践"实习教学模式,显著提高了学生的思想觉悟、劳动观念、专业知识水平和能力,以及实习教学质量和效果。

2. 开展职业道德专题培训,提高学生就业竞争力

就业竞争力来源于劳动与就业素质和劳动与就业能力。现代社会,人们对大学生的劳动与就业素质与能力有较高的要求。在素质方面,要求大学生有良好的思想道德品质、诚实守信,能树立正确的世界观、人生观、价值观,有良好的职业道德和强烈的事业心,有广博的知识和合理的知识结构,有良好的科学文化素养和创新精神以及良好的心理和身体素质。能力是素质的外在表现,是素质在实践中运用的结果。在能力方面,要求大学生具有良好的环境适应能力、人际交往能力、团队合作精神、自我表达能力、专业技术能力、外语和信息能力等。

为了加强学生就业素质与能力培养,在生产实习期间,邀请公司的领导和技术骨干对学生进行了多场职业素养培训,如企业文化培训、礼仪知识与行为规范培训、企业规章制度培训,以及集约化、机械化蔬菜种植、生产、加工的技术操作规程培训等。通过系统培训,大幅度提高了学生职业工作素质、专业技术能力以及就业竞争力。

3. 组织参加迎国庆系列文体活动,提高学生团队精神和爱国热情

学生在实习期间,白天迎高温战酷暑,同公司职工一道,坚守工作岗位,坚守劳动一线,使同学们产生了强烈的心灵震撼,懂得了校园生活的来之不易。在实习过程中,不仅有劳动有实践,有培训有学习,还开展了丰富多彩的文体活动,结合迎国庆主题,积极组织学生参加公司系列文体活动,如参加乒乓球、台球、篮球、羽毛球、卡拉 OK 等比赛,丰富学生实习生活,提高学生团队精神和爱国热情。

4. 推广"边劳动边学习边实践"的实习教学新模式,着力提高学生劳动与就业能力

生物专业与生物技术产业密切相关,生物技术产业涉及领域非常广泛,包括与国民经济息息相关的诸多产业,如:农业、能源、环保、化工、医药、卫生、矿产、材料、食品等。生物专业生产实习应该紧密结合生物技术产业生产实际,变"参观式实习"为"顶岗实习",变"袖手旁观、隔岸观火"为"俯下身子参加劳动",这样,才能使学生真正增强劳动与就业观念,真正了解和掌握生物技术产业的生产过程、工艺技术、管理措施,真正提高学生的实践动手能力和劳动就业能力。因为脱离生产、脱离社会、轻视技能的人才培养模式,不能适应经济社会发展需求。

近 5 年来,在生产实习中,我们一直坚持以劳动与就业能力培养为导向,坚持进行"顶岗实习"和"学生参加劳动"的实习模式,让学生在劳动中培养劳动素质,改变就业观念,提高实践能力和就业能力。这样的实习模式在多家实习单位进行了推广,效果较好。如在武汉科诺生物科技有限公司实习,学生在生物农药发酵车间、氨基酸生产车间、后处理车间、动力车间以及污水处理站进行"顶岗实习";在武汉来福如意食品有限公司实习,学生夏天穿棉衣在公司冷冻食品生产车间参加食品检验、食品分级等劳动;在武汉如意生鲜净菜配送公司实习,学生参加净菜加工、蔬菜配送、货物搬运等劳动;在宜昌市科力生实业公司实习,学生参加马铃薯、柑橘的组织培养生产、组培苗的育苗移栽等生产劳动等。这些实习实践,不仅培养了学生从小事做起的劳动观念,而且使学生掌握了现代生物技术在生物发酵、生物组织培养、生物食品加工、生物产品营销方面的应用技能,学到了知识,增长了才干,取得了较好的实习效果。

三、在生产实习中注重学生劳动与就业能力培养的实习效果

1. 在生产实习中注重学生劳动与就业能力培养，使生产实习起到了教学、育人、生产的功能

在生产实习中，由于制定了周密的实习实施计划，企业为实习创造了良好的条件，使"边劳动边学习边实践"的生产实习新教学模式得以成功实施，这种以就业为导向，着力培养大学生劳动与就业素质与能力的教学模式，起到了教学、育人、生产的功能，实习效果使学校、学生、企业三方满意。

一是完成了生产实习的教学功能，学校满意。通过校外实习教学和实习过程中的各种培训，确保了实习安全、高效、顺利进行，完成了实习教学计划，达到了实习目的和要求。在武汉如意农业开发有限公司实习后，实习单位认为我校学生能够吃苦耐劳，要求我校毕业生到企业工作，为此，学校共推荐了 10 多名毕业生到企业就业，实习促进了大学生的就业，实习经验和总结被学校挂在校园网上予以示范，实习效果得到了学校的充分肯定。

二是促进了生产实习的育人功能，学生收获大，学生满意。一方面，学生通过在武汉如意农业开发有限公司实习，了解了现代农业发展趋势，掌握了现代绿色、环保、生态农业的科学种植模式、科学操作规程、科学管理制度，了解了现代农业生物产业发展状况，开阔了眼界，增加了知识和才干；另一方面，学生在"顶岗实习"中，为企业创造了一定的财富，企业也给予了学生一定的劳动报酬，学生高兴；此外，更重要的是学生亲自参加生产劳动，吃了苦、流了汗，使学生精神心灵得到了一次洗礼和升华，实习起到了很好的育人功能，效果得到了学生的广泛好评。如邵佳慧同学在实习感言中写道："在实习的半个多月里，我们体会了一种与学校生活完全不同的生活，在那里，我们体会到了农民干活的艰辛，也明白了食物的来之不易，虽然感到身体很累，但是，心里是充实的。我们看到了一个机械化、现代化的农场，也看到了现代农业的良好前景。这段实习生活将是我一生中最值得珍惜和难忘的"。

三是回归了生产实习的生产功能，企业满意。生产实习的本意就是学生通过生产实习，了解掌握本专业现代企业运行机制、发展前景、生产设备、生产工艺、生产技术，为学生今后从事相关工作打下坚实的基础。学生通过实习，顶岗参加生产劳动，回归了生产实习的本意。对于企业来说，一方面，学生顶岗参加生产劳动，部分缓解了企业生产用工不足的问题，为企业创造了一定的劳动价值，另一方面，企业通过采纳学生合理化建议，可以促进企业技术进步与发展，因此，这种实习模式，企业满意。

2. 在生产实习中注重学生劳动与就业能力培养，促进了人才培养质量的提高和大学生就业

近 5 年以来，在生产实习中，我们一直坚持以劳动与就业能力培养为导向，实施和完善了"边劳动边学习边实践"的生产实习新教学模式，有力促进了大学生的思想道德素质和人才培养质量的提高，大幅度提高了我校生物技术专业大学生的劳动与就业能力与就业率。

在生产实习中注重学生劳动与就业能力培养，从 2008 级生物技术专业开始实施，以我校 2012 届生物技术专业毕业生情况，说明人才培养质量与效果。2012 年，我校生物技术专业毕业生，政治素质高，学习成绩好，就业率高。革伟同学分别于 2009 年和 2011 年两次荣获"国家奖学金"，被学校评为"三好学生标兵"。该专业学生入党人数多，入党比例高达 50％；专业课成绩优良率高达 71.88％；获三好学生、优秀团干、优秀学生干部等称号以及各种奖学金的比例高达 63.64％；考取研究生的比例高达 38.1％；毕业论文获湖北省优秀学士学位论文奖的比例高达

13.64％；一次就业率高达 100％；高质量和高端就业率达 9.52％。这些指标，在我校理科专业中，均位居前列。

3. 在生产实习中注重学生劳动与就业能力培养存在问题与改进措施

在生产实习中，实施"边劳动边学习边实践"的生产实习新教学模式，可以大幅度提高大学生劳动与就业素质与能力。但是，在实施过程中也存在一些问题，一是实习单位担心学生对企业设备、工艺、技术不熟悉，学生"顶岗实习"可能造成生产事故，而不愿接受；二是实习期间学生参加生产劳动，特别是农业生产劳动，很苦很累，学生有抵触情绪；三是学生顶岗实习，存在安全风险，带队老师管理难度加大等。针对这些问题，一要增强实习带队老师的责任心和组织能力，确保新的实习模式顺利进行；二要精心做好实习单位的选择与沟通工作，争取实习单位的支持；三要加强实习管理，做好同学的思想政治工作，使同学了解"劳动与就业能力培养"的意义，确保实习顺利进行。总之，在生产实习中注重学生劳动与就业能力培养，实施"边劳动边学习边实践"的生产实习新教学模式，是一个探索过程，需要在实践中不断改进和完善，才能使生产实习最大限度发挥育人的功能。

| 第四节 |

高校生物技术专业人才劳动与就业能力培养体系的研究与实践

大学生劳动与就业能力培养是高校人才培养的一个重要内容，在提高高校人才培养质量和大学生就业率方面具有不可替代的作用。本节论述了大学生劳动与就业能力的内涵与要素、大学生劳动与就业能力培养体系的研究现状与创新思路，以及武汉工程大学生物技术专业构建大学生劳动与就业能力培养体系的探索实践与效果，为我国高校提高大学生劳动与就业能力与就业率提供参考。

随着 20 世纪 90 年代"人类基因组计划"的实施，以及生命科学领域的一系列巨大进步，促进了我国"生物热"的兴起以及高校生命科学类专业招生人数的快速增长。1998 年之前，全国生物类本科招生规模多年维持在 2.5 万人左右，2001 年以后，招生数量逐年扩大，至 2010 年，每年招生 5.1 万人，延续至今。随着招生人数的剧增，大学生就业难度加大，2010 年，全国省内地方院校，生物毕业生就业率为 87.8％，其中，在非生物类领域就业率较高，因此，生物专业毕业生就业形势依然要高度重视。

高校的主要职责是培养德智体美全面发展的社会主义建设者和接班人，大学生劳动与就业能力大小直接反映人才培养质量的高低，因此，强化学生劳动与就业能力培养，构建大学生劳动与就业能力培养体系，是高校人才培养的重要内容，也是高校创新人才培养模式的重要方向。研究探讨构建生物技术专业大学生劳动与就业能力培养体系，对于丰富我国生物技术专业人才培养模式，提高生物技术专业人才培养质量具有重要的理论意义。通过大学生劳动与就业能力培养体系的实施，可以大幅度提高生物技术专业人才培养质量、劳动与就业能力以及就业率，具有重要的应用价值和实践意义。

一、大学生劳动与就业能力的内涵与主要构成要素的思考

劳动能力，是指人类进行劳动工作的能力，包括体力劳动和脑力劳动的总和。就业能力定义，因研究视角不同而各有不同，还没有统一定义。我国较早提出大学生就业能力这一概念的郑晓明认为，"大学生就业能力是指大学毕业生在校期间通过知识的学习和综合素质的开发而获得的能够实现就业理想、满足社会需求、在社会生活中实现自身价值的本领"。关于大学生劳动与就业能力以及构成要素，根据研究者研究视角不同，没有统一定论。作者认为大学生劳动与就业能力的内涵，包括如下四个方面内涵和 35 个构成要素。

一是劳动与就业的观念与素质，主要包括：（1）劳动不分贵贱；（2）劳动创造财富；（3）劳动光荣的理念；（4）全心全意为人民服务的精神；（5）劳动与就业的心理素质；（6）身体素质等6个要素。二是思想道德修养与职业素养，主要包括：（7）世界观；（8）人生观；（9）价值观；（10）吃苦耐劳；（11）诚实守信；（12）爱岗敬业等思想道德品质；（13）职业道德；（14）事业心；（15）对环境与社会适应能力；（16）人际交往沟通能力；（17）团队合作能力；（18）组织管理能力等12个要素。三是知识结构与专业技术能力，主要包括：（19）知识体系；（20）知识结构；（21）科学文化素质；（22）人文素养；（23）专业技术能力；（24）自我学习能力；（25）终生学习能力；（26）外语能力；（27）信息能力等9个要素。四是实践能力和创新创业能力，主要包括：（28）发现问题的能力；（29）分析问题的能力；（30）解决问题的能力；（31）实践操作动手能力；（32）科学研究能力；（33）创新思维能力；（34）创新能力；（35）创业能力等8个要素。以上四个方面内涵及其构成要素，分别是劳动与就业能力的条件、基础、核心和保障。

二、大学生劳动与就业能力培养体系的研究现状与创新思路

1. 大学生劳动与就业能力培养体系的研究现状

为了提高大学生的劳动与就业能力，我国研究者进行了广泛的探索与实践。关于就业能力的研究，最早提出"提高就业能力对策"的是1999年东北财经大学的韩淑丽。而之前主要是开展职业培训，提高社会就业率等方面的报道。随着高校扩招，2000年以后，大学生就业问题及就业能力培养的呼声逐渐增强。2000年，药朝诚在《山西发展导报》上提出："大学首先要培养学生就业能力"，之后，大学生就业问题得到了广泛重视与研究。2005年以后，大学生就业能力相关研究成果如雨后春笋般的大量发表，其研究内容主要包括：就业能力的内涵、构成、要素等研究；大学生就业能力培养现状、问题、对策研究；大学生就业能力培养调研报告与具体做法等。国外关于大学生就业能力培养的研究，涉及大学人才培养的方方面面，如英国曼彻斯特大学建立基于就业能力培养的课程体系，欧盟将终生学习策略纳入劳动就业能力培养体系，美国高校将校企合作、生活技能培养、设立就业指导中心等纳入大学生就业能力培养体系等。

上述研究都是针对大学生就业能力培养的内涵、措施与对策探讨。在高校人才培养的全方位全过程，构建大学生劳动与就业能力培养体系的研究与实践，形成具有广泛价值的高校大学生劳动与就业能力培养体系与模式，值得进一步深入研究与实践。

2. 构建大学生劳动与就业能力培养体系的创新思路

要解决大学生就业难的问题，就要着力解决大学生的知识结构不合理、能力不强、素质不高，以及眼高手低的就业观念等劳动就业能力与社会需求不相适应的问题，切实增强大学生的劳动就业能力、劳动就业竞争力与就业率。

（1）要构建我国高校大学生劳动与就业能力全过程、全方位培养的创新模式，切实提高人才培养质量和大学生就业率。根据我国高校大学生就业人数增加、就业压力增大、就业形势依然严峻的实际情况，探讨高校对大学生劳动与就业能力培养存在的问题，拟定解决对策和措施。根据大学学科专业特点，探讨将劳动与就业能力培养贯穿于人才培养全过程的途径，以及大幅度提高我国高校大学生人才培养质量的技术措施，构建我国高校大学生劳动与就业能力全过程、全方位培养的创新模式，解决高校对大学生劳动与就业能力重视不够，以及学生就业率低下的

问题。

（2）要创新实践教学模式，切实提高学生实践动手能力。要加强"实验、实习、实训、毕业设计论文、社会实践"五位一体的实践能力培养体系建设，提高大学生实践能力，以及发现问题、分析问题、解决问题的实际能力。改革实验、实习、实训、毕业设计论文和社会实践等高校实践教学环节的教学内容与教学方式方法，解决高校大学生实践能力差、操作动手能力弱、知识开发应用能力优势不突出的问题。

（3）要加强实习教学改革，切实转变学生劳动就业观念。要形成学生亲自参加生产劳动的实习新机制，让学生在实习中亲自参加生产劳动，磨练意志、砥砺品质、陶冶情操、了解国情、增强对劳动人民的感情，大幅度提高学生实际动手能力和热爱劳动的思想道德观念，解决大学生劳动观念不强、怕苦怕累、就业能力和自主创业能力不能适应社会需求的问题。

（4）要建设高校思政工作与大学生劳动就业工作联动新机制，切实提高学生的劳动就业素质。要建立高校思想政治教育与社会实践促进学生劳动与就业素质与能力提升的新体制，充分发挥高校思想政治教育优势，探讨高校思想政治教育促进大学生形成良好的思想道德品质、良好的职业道德和强烈的事业心的方法与机制，提高大学生劳动与就业素质，解决高校思想政治教育与学生劳动与就业工作脱节的问题。

三、生物技术专业人才劳动与就业能力培养体系的探讨与实践

劳动就业能力的核心要素有三点：一是合理的知识结构体系与专业技术能力；二是较强的实践能力和创新能力；三是较好的劳动就业观念与思想道德素质。以人才培养方案和人才培养模式的改革，优化构建学生的知识结构体系，提升学生的文化素养与专业技术能力；以实践教学改革，提升学生实践能力和创新能力；以实习教学改革，提升学生劳动就业观念、团队合作精神和环境适应能力；以思政教育与社会实践改革，提升学生思想道德素质、职业道德品质。

1. 创新人才培养方案和人才培养模式，优化构建与学生就业能力提高相适应的知识体系，提升学生的文化素养与专业技术能力

以就业为导向，以优化学生知识结构为核心，构建生物技术专业基于劳动与就业能力培养的人才培养方案、人才培养模式以及教学创新模式，大幅度提高大学生的专业技术能力。生物技术专业与生物技术产业密切相关，生物技术产业涉及领域非常广泛，包括与国民经济息息相关的诸多产业，如：农业、能源、环保、化工、医药、卫生、矿产、材料、食品等。研究构建"差异化、多元化、特色化"的生物专业人才培养目标、人才培养方案，以适应国家生物技术产业对生物人才"差异化、多元化、特色化"的需求。根据生物学科特点，探索大幅度提高生物技术专业人才培养质量的技术措施和将劳动就业能力培养贯穿于人才培养全过程的途径与方法，优化构建与劳动就业能力培养相适应的生物技术专业课程体系和知识结构，强化人才研究开发应用能力培养，切实提高学生的劳动就业能力。

武汉工程大学生物技术专业是在学校化学工程、制药工程、应用化学、生物化工等优势学科基础上设立的。通过 10 多年的建设，我校生物技术专业形成了"生物＋化工"的人才培养模式和人才培养体系，培养具有"生物化工与生物制药"鲜明特色的本科生物技术专业人才。

一是在学生的知识结构体系上，培养学生具有如下知识：（1）生物科学与生物技术基础理论、基本知识、基本技能等专业知识；（2）人文社会科学知识，如生物伦理学、艺术、文学、哲

学、心理学等；（3）自然科学知识，如数学、物理、化学、计算机科学等；（4）工程技术知识，如化学工程、制药工程、生物工程原理等。二是在课程设置上，实现生物课程与化工、制药课程的有机融合，除了开设生物技术专业的课程，如植物生物学、动物生物学、微生物学、细胞生物学、遗传学、分子生物学、基因工程、细胞工程、酶工程、发酵工程等外，还开设了化工原理、物理化学、化工原理课程设计、药理学、药物分子设计、生物技术制药等化工与制药方面的特色课程，彰显学生的化工与制药特色。三是学生经过通识教育课程、学科基础课、专业主干课、专业方向课的学习，具备较高的思想道德素质、文化素质、良好的专业素质和身心素质，以及扎实的生物学基础理论、工程理论，熟练的外语和计算机应用能力；具备生物技术产业的设计、生产、管理和新技术研究、新产品开发的能力；熟悉生物技术产业化、生物化工、生物制药等与生物技术产业相关的方针政策和法规；掌握文献检索、资料查询的基本方法，具有一定的科学研究和实际工作能力。四是将劳动就业能力培养这一主线贯穿于人才培养全过程，大学一年级采取生命科学类大类招生，突出学生自然科学知识和人文社会科学知识的培养；二年级进行分流分类培养，加强学生生物科学与生物技术基础理论、基本知识、基本技能等专业知识的培养；三年级通过全校停课一周举行的学术周活动以及实验、实训、创新实践活动，强化学生实践创新能力培养；四年级以毕业实习和毕业设计论文为龙头，让学生融入社会，深入企业，进入科学研究团队，接触我国生物技术产业实际，在实习和毕业论文研究工作中，历练生物技术产业的设计、生产、管理和新技术研究、新产品开发的能力。

2. 改革实践教学方式方法，提升学生实践能力和创新能力

以"实践教学改革、实践素质培养和实践能力提升"为目标，创新实习、实验、实训、毕业设计论文、社会实践等实践教学方法与模式，构建大学生实践创新能力和就业创业能力培养的改革体系，大幅度提高学生实践动手能力、创新创业能力、就业竞争力。充分利用校内和校外教育资源，产学研合作，加强"实验、实习、实训、毕业设计论文、社会实践"五位一体的实践能力培养体系建设，研究着力提高生物学生实践能力、创新创业能力，以及发现问题、分析问题、解决问题的能力的技术措施，营造以就业为导向，有利于人才劳动就业能力培养的实践教学体系。

为此，武汉工程大学生物技术专业在实践教学改革方面，进行一定的尝试，取得了一定的效果。例如：在实验上，加强生物实验室建设和优化创新实验内容，结合学校大学生校长基金、大学生实验创新项目以及湖北省大学生生物实验技能竞赛等工作，创新实验教学，增设生物化工与生物制药方面的实验项目，提升学生生物化工与生物制药实验技能与创新能力；在实习上，以就业为导向，采用"边劳动边学习边实践"的实习创新模式，紧跟生物技术产业发展步伐，提升学生知识结构、实践动手能力和劳动就业能力；在毕业设计论文上，结合学生就业工作，走产学研相结合的道路，充分利用校外教育资源，广泛开展校外毕业设计（论文）工作，大幅度提高了学生科学研究能力和水平，以及毕业设计论文质量。

3. 加强实习教学改革，提升学生劳动就业观念

以劳动素质、劳动能力和劳动观念培养为导向，加强实习教学改革，改革实习教学模式，创新实习教学方法，改革参观式、袖手旁观式实习教学模式，构建能够大幅度提高大学生劳动观念形成和转变的实习教学模式。为此，我校生物技术专业近5年来，进行了实习教学改革的探索与实践，实施"顶岗实习"教学模式，让学生在实习中亲自参加生产劳动，磨练意志、砥砺品质、陶冶情操，大幅度地提高学生的实际动手能力、务实工作作风和热爱劳动的思想道德观念。

4. 重视思政教育与社会实践的育人作用，提升学生思想道德素质和职业道德品质

以思想道德素质和职业道德品质培养为导向，充分发挥社会育人和大学育人的双重功效，以就业素质培养为主导，以就业观念改变为核心，强化高校思想政治教育和社会实践的育人作用，将思政教育、职业规划、就业指导、社会实践纳入大学生劳动与就业能力培养体系，探索高校思想政治教育和社会实践对大学生形成良好的思想道德品质、良好的职业道德素养和强烈的事业心的方法与机制，改变学生眼高手低、就业观念与社会脱节的问题，大幅度提高学生思想道德素质、职业道德、社会责任感和社会实践能力，大幅度提高学生就业创业能力和就业率。

四、我校生物技术专业人才劳动与就业能力培养体系的实践效果

我校生物技术专业人才劳动与就业能力培养体系的探索与实践，有力地提升了我校生物技术专业人才培养质量，以及学生的劳动就业能力和就业率。

2007 年至 2013 年，我校生物技术专业本科毕业生共 300 人，一次实际就业人数为 233 人，就业率为 77.67%；考取研究生 78 人，考研率为 26%；黄亮平、魏桂英、李金林、革伟同学分别荣获武汉工程大学"杰出青年""优秀共产党员""优秀毕业生""三好学生标兵"等荣誉称号；季李影、徐雪娇、革伟等同学分别荣获"国家奖学金"；赵鸿雁、易沐远同学分别荣获"全国大学生英语竞赛一等奖"；张红同学荣获"第十三届奥林匹克全国作文竞赛一等奖"；龚雯同学荣获"湖北省第一届大学生生物实验竞赛（综合赛）三等奖"；10 多名同学荣获"国家专利"；19 人荣获"湖北省优秀学士学位论文奖"，其获奖率是学校平均获奖率的近 3 倍；78 名同学考取了研究生，主要是中国科学院、中国海洋大学、暨南大学、江南大学、海南大学、厦门大学、华东理工大学、华南理工大学、武汉大学、华中科技大学等重点高校。

以我校生物技术专业 2011 届、2012 届和 2013 届毕业生来说明人才培养质量与效果。学生政治素质高，学习成绩好，就业率高，多项指标，在我校理科专业中，均位居前列。例如：2012 届毕业生革伟同学分别于 2009 年和 2011 年两次荣获"国家奖学金"，被学校评为"三好学生标兵"；2011 届、2012 届和 2013 届毕业生，入党人数多，入党比例高，入党比率分别为 39.29%、52.38%、40.00%；考取研究生的比例分别为 21.43%、38.09%、33.33%；四六级通过率分别为 96.43%、95.23%、93.33%；毕业论文获湖北省优秀学士学位论文奖的比例分别为 7.14%、19.844%、4.76%；一次就业率分别为 89.29%、90.48%、100%；高质量和高端就业率分别为 0%、9.52%、22.23%。

｜第五节｜

生物技术专业应用型人才实践能力培养机制创新研究

生物技术是一门多学科交叉融合、理论与实践并重的综合性新型学科，实践能力培养对生物技术专业应用型人才培养质量至关重要。探讨了生物技术专业应用型人才培养存在问题、机制创新思路和机制创新的 7 条措施，为我国生物技术专业应用型人才培养提供参考。

生物技术是一门多学科交叉融合、理论与实践并重的综合性新型学科，1998 年教育部将生物技术专业正式列入专业目录，隶属理科办学，培养应用型专业技术人才。应用型人才要求具有较强的实践能力与知识开发应用能力，因此，实践能力的培养对生物技术专业人才的培养质量具有特别重要的意义。目前，我国生物技术专业培养的人才，存在特色不鲜明、实践能力不足、就业难度加大等问题。为了提高学生的实践能力，各高校进行了广泛的探索与实践。同时，进行实践能力培养方式方法及培养体系的创新研究，形成具有推广价值的高校人才实践能力培养的机制创新模式，大幅度提高学生的实践能力和研究开发应用能力，显得格外迫切和重要，为此，我们进行了生物技术专业应用型人才实践能力培养机制创新研究探讨与实践，以期为我国应用型人才培养提供参考。

一、生物技术专业应用型人才实践能力培养存在的问题

1. 人才培养定位模糊，培养的人才实践能力不足

在高等教育大众化阶段，按高等教育人才培养目标定位划分，高校培养人才包括以下三种类型，即：重点院校培养的以学术型为主的研究型人才；一般本科院校培养的以开发性为主的应用型人才；高职高专类学校培养的技能型为主的实用型人才。社会对这三种类型的人才在知识、能力、素质等方面的要求是不同的。按照教育部的要求，生物技术专业主要是培养应用型人才，其专业定位、人才培养模式和人才培养方案均应围绕应用型人才培养这一主题。高校扩招后，不少学校在不十分了解生物技术专业特点的情况下盲目上马，结果导致专业定位和人才培养定位模糊，在办学指导思想、人才培养目标、人才培养模式上单一雷同，不顾社会实际需求与学科特色，忽视生物技术专业的应用型定位，盲目向综合性大学培养研究型人才趋同，导致高校人才培养实践能力和开发应用能力不足，难以适应经济社会发展对应用型的生物技术人才的需求。

2. 实践教学管理不规范，考核评价不科学、不全面

高校理论教学有严格的管理制度和考核评价体系，教学过程监管，有章可循，比较科学和规范，学生学习成绩评定，也有据可查，系统全面。而在实践教学中，存在管理不规范、考核评价不科学、不全面的问题。在实验教学中，存在实验设备不足、学时不够、学生动手能力不强等问题；在实习教学中，存在校外实习监管不到位、学生袖手旁观、实际操作动手不足、学生实习成绩评定靠印象、实习质量与实习效果评价不科学的问题；在毕业设计论文中，学生找工作与考研复试花费大量时间，学生毕业设计论文的研究时间得不到保障，管理难度加大，毕业设计论文质量呈下降趋势。

3. 对社会实践重视不够，学生劳动与就业能力不强

社会实践和第二课堂是学生了解社会和国情的窗口，是学生服务社会和服务人民的渠道，是学生增长知识和才干的阵地，对学生增强劳动观念和思想道德观念、树立正确的世界观和人生观，以及增强社会实践能力具有重要的意义。目前，高校对社会实践在学生实践能力培养和育人中的作用重视不够，学生存在贪图享乐、怕苦怕累、轻视劳动的思想，劳动就业能力不强，生物学生就业率下降。

二、生物技术专业应用型人才实践能力培养机制创新研究指导思想

1. 以"厚基础、重实践、强能力、高素质、显特色"为导向，进行多元化、差异化、特色化的实践能力培养新机制探讨与实践，对于改革创新"实验、实习、实训、毕业设计论文、社会实践"等"五位一体"的实践教学工作，彰显应用型人才实践特色，提高生物技术专业应用型人才培养质量，具有重要的理论意义和实践价值。

2. 改革实践教学管理模式，对实践教学进行全方位、全过程监控，做到组织管理、运行管理和制度管理有机统一，营造有利于应用型创新人才培养的实践教学管理体系，大幅度提高实践教学的质量与效率。

3. 注重社会实践及第二课堂对学生实践素质与能力培养，充分发挥社会育人和大学育人的双重功效，显著提高学生社会实践素质与能力。

三、生物技术专业应用型人才实践能力培养机制创新措施

1. 创新实践能力培养模式和培养体系，提高应用型人才实践能力

以"实验、实习、实训、毕业设计论文、社会实践"五位一体实践教学改革创新为手段，以"实践教学改革、实践素质培养和实践能力提升"为目标，构建应用型人才实践能力培养的改革创新体系与模式。将实践教学管理、实践教学质量评价、社会实践纳入实践能力培养创新体系，提高学生的实践素质与能力。根据教育部高等学校本科生物技术专业应用型人才培养定位和要求，应用型人才主要培养其"研究开发应用能力"。为了大幅度提高学生"研究开发应用"实践能力，我校进行了生物技术专业应用型人才实践能力培养体系的创新与实践，构建了"实验、实习、实训、毕业设计论文、社会实践"五位一体实践能力培养模式。

我校生物技术专业，是依托学校化学工程、制药工程、生物化工、应用化学等省级重点学科而建立的，生物技术应用型人才培养，具有鲜明的生物化工和生物制药特色。"五位一体"实践

能力培养模式内容是："实验"重点开设生物化工、生物制药方面的综合性、设计性实验，培养学生研究开发思维与动手能力；"实习"以就业为导向，安排学生在生物技术企业"顶岗实习"，亲自参加生产劳动，培养学生劳动就业素质与能力；"实训"开设化工原理课程设计和金工实习，培养学生生物化工素质，彰显我校生物学生"化工"特色；"毕业设计论文"以"产学研"合作模式进行，除一部分学生在校内进行研究外，另一部分学生送到校外科研、企业事业单位，结合单位研究课题，进行毕业研究工作，大力培养学生科学研究素质和研究开发应用能力；"社会实践"让学生了解国情、热爱劳动、奉献社会、珍惜生活，培养学生务实的思想作风和高尚的品质。

2. 改革实验教学与管理方法，提高实验教学质量

依托高等院校学科优势，探讨大幅度提高高等院校生物技术专业实验教学质量的技术措施，强化具有学科特色的生物实验室建设，优化实验课程与实验内容，取消内容陈旧、方法落后的实验项目，增加综合性、设计型、开发应用型实验项目，增加综合创新实验项目，设置提高学生知识开发应用能力的开放实验项目。改革实验教学与管理方法，提高实验教学质量。

3. 强化实习基地建设与实习教学改革，提高实习教学效果

通过建设与企业互利双赢实习基地，建立科学的实习教学管理与实习成绩评价规范，提高实习教学质量，探讨生物技术专业校外实习基地多样化建设与管理模式，改革实习教学模式，提高实习教学质量。创新实习实践教学方法与教学管理模式，构建科学合理的实习质量考核评价体系，形成实习教学"实习态度与考勤、实习表现与能力、实习报告与效果"新的考核评价体系。

4. 以就业为导向，构建产学研结合的多样化毕业设计论文教学改革模式

高等教育必须面向市场经济，回归市场是教育的根本与最终目标，应用型人才最终培养目标也就是符合市场需求。生物技术专业应用型人才培养，必须以市场为导向，走市场化道路，充分利用校内和校外两种教育资源，主动走出去，了解市场，服务市场，走产学研合作培养的道路，大幅度提高学生实践能力。毕业学生除在校内完成毕业论文（设计）外，还可到校外与生物技术产业相关的企事业单位完成毕业论文，在校外完成的毕业论文，不仅论文题目与企业事业单位生产实际紧密结合，专题专做，科研成果对企业有利，而且学生通过科研，大大提高了实践能力以及科研能力，同时还可以促进就业，提高毕业设计论文质量。

5. 建立科学合理的大学生实践能力培养质量考核评价体系

强化实践教学管理，广泛开展社会实践活动，将实践教学态度、纪律、管理、实践操作水平、现场表现、效果、师生评价以及企业评价等纳入考核体系，构建科学合理的应用型人才实践教学质量评价考核体系，进行考核评价体系内容与标准的探索与实践，提高考核评价体系的科学性与规范性。

6. 加强"双师型"师资队伍建设，为应用型人才培养提供智力支撑

加强实践教学师资队伍建设，探讨"双师型""复合型"高素质、创新型实践教学师资队伍建设模式，采用选送青年教师到重点大学培训、资助教师攻读博士学位、选派教师到企业挂职锻炼、人才引进、聘用企业专家担任特聘教授等措施，建立一支高素质的"双师型""复合型"实践教学师资队伍，为应用型人才培养提供智力支撑和保障。

7. 重视社会实践在实践能力培养和育人中的作用

构建大学生社会实践活动及第二课堂教学的创新体系，强化社会实践的育人作用，大幅度提高学生思想道德素质、文化素质、社会责任感、劳动观念和社会实践能力。充分利用校外实习实践基地优势，探讨社会实践活动和社会实践教学的新机制，提高社会实践对大学生素质教育、创新教育以及育人的作用。

四、生物技术专业应用型人才实践能力培养机制创新实践效果

生物技术专业应用型人才实践能力培养机制创新研究与实践，有力提高了人才培养质量。2008 年以来，我校生物技术专业有 3 名学生 4 次荣获国家奖学金，3 名同学荣获省政府奖学金；24 人次荣获国家励志奖学金；2 名学生荣获全国大学生英语竞赛一等奖；9 人荣获省优秀学士论文奖；1 人荣获省大学生生物技能大赛（综合赛）三等奖；3 人荣获国家发明专利和实用新型专利；2 人荣获湖北省大学生化学（化工）学术创新成果三等奖；2 人荣获学校"求实杯"大学生课外学术科技作品竞赛二等奖；学生入党比例平均为 37.12％；四六级通过率平均为 94.44％；考研率平均为 32.5％，2012 年考研上线率高达 50％。

我国高校卓越工程师人才培养存在问题与对策研究

卓越工程师人才培养计划是贯彻落实国家新型工业化战略部署而采取的重要战略举措，意义重大。在实施卓越计划过程中，还存在一些具体的问题和困难，分析解决好这些问题，对提高我国卓越工程师人才培养质量，具有一定的推动作用。本节指出了我国实施卓越工程师人才培养计划存在的 6 个方面的问题，提出了提高卓越工程师人才培养质量的 5 个对策。

2010 年，教育部启动实施了卓越工程师教育培养计划（以下简称"卓越计划"），清华大学等 61 所高校被教育部批准为第一批实施高校，2011 年教育部出台了《教育部关于实施卓越工程师教育培养计划的若干意见》，并批准了 133 所高校为第二批实施高校。"卓越计划"实施以来，全国共计 208 所高校的 1257 个本科专业点、514 个研究生层次学科点按"卓越计划"进行改革试点，计划覆盖在校生约 13 万人。"卓越计划"的主要任务和目标是，建立高校与行业企业联合培养人才的新机制，创新工程教育的人才培养模式，建设高水平工程教育师资队伍，扩大工程教育对外开放，面向工业界、面向世界、面向未来，培养造就一大批创新能力强、适应经济社会发展需要的高质量各类型工程技术人才，为建设创新型国家、实现工业化和现代化奠定坚实的人力资源优势，增强我国的核心竞争力和综合国力。因此，卓越工程师培养计划，是贯彻落实国家新型工业化战略部署而采取的重要战略举措，意义重大。由于历史和现实的各种原因，在实施卓越计划的过程中，还存在一些具体的问题和困难，分析解决好这些问题，对提高我国卓越工程师人才培养质量，具有重要的推动作用。为此，对我国高校在实施卓越计划和卓越工程师人才培养中存在的问题与解决对策进行探讨，以期为我国卓越工程师人才培养质量的提高提供参考。

一、实施卓越工程师培养计划存在的问题

1. 重科学轻工程的思想有待改变，高校教育教学观念有待提升

新型工业化，是我国提升整体实力、建设创新型国家和跻身世界强国的必由之路，需要大量的创新型工程技术人才和卓越工程师。然而，我国高校在人才培养理念上，长期存在的"重理论轻实践、重科学轻工程、重研究轻技能"的观念，没有得到根本改变，几乎所有大学的顶层设计都是"高水平""研究型""一流"，而培养"工程师"，就有低人一等的感觉，在人才培养规格中，"工程师规格"几乎消失。

科学是探索世界的本源，工程是创造世界没有的东西，而科学与工程又是密不可分的。卓越工程师，必须兼具科学家探索精神和工程师创造力的双重品质。"卓越计划"培养的人才，不是拔尖的研究型人才，而是为企业培养的具有探索精神和创造力的杰出工程师。因此，高校必须从国家战略部署的高度，提高对卓越工程师人才培养的认识，培养卓越工程师，不是低水平，而是高质量；不是权宜之计，而是战略选择；培养为国家新型工业化服务的卓越工程师，使命光荣伟大，任务艰巨复杂，是高校教育教学改革的重要方向。

2. 工程教育人才培养模式多样性不够，难以适应经济社会发展需求

我国当前正处于工业化进程中期，迫切需要培养一大批能够适应和支撑产业发展的工程技术人才，满足国家走新型工业化道路的需要，迫切需要培养一大批具有国际化视野和创新能力的工程技术人才，满足国家应对经济全球化挑战和建设创新型国家、提升国际竞争力、国家综合实力的需要。然而，我国高等教育，在大众化教育背景下，还存在着不少问题和矛盾，例如：体制机制以及教育教学理念有待提升；工程教育教学和人才培养模式以及教学体系单一；专业课程设置千人一面；人才培养过程与培养方式方法灵活性不强；"多样化、特色化、国际化"工程技术人才培养不足；"务实型、动手型、创新型"工程技术人才素质培养不够等。在高等教育大众化阶段，按高等教育人才培养目标定位划分，高校培养人才主要包括以下三种类型，即：重点院校培养的以学术型为主的研究型人才；一般本科院校培养的以开发性为主的应用型人才；高职高专类学校培养的技能型为主的实用型人才。社会对这三种类型的人才在知识、能力、素质等方面要求是不同的，培养模式也是不同的。因此，工程教育人才培养模式，必须多元化，这样，培养的人才才能"适销对路"，才能适应我国经济社会快速发展对多元化工程技术人才的需要。

3. 高校师资的工程素质和能力有待提高，高水平工程教育师资缺乏

目前，我国高校在师资培养上，提高工程能力的得力措施和奖励机制及政策有待建立和完善，例如：在学历上，一般要求具有博士学位，而有企业工程经历的高水平的工程技术专家，因为学历不符合要求，很难加入高校师资队伍；在考核指标上，通常重视考核科研项目、科研经费、科研成果以及科研论文等学术指标，而工程设计、工程创新、工程实践能力等工程能力指标，很少纳入考核指标体系，这种考核评价导向，会导致教师重视学术而轻视工程。因此，我国高校师资的现状是，高校教师绝大部分都是从学校到学校的博士毕业生，没有企业工作经历，实际的工程能力几乎为空白，他们的突出特点是："科研强、工程弱；理论强、实践弱；科研论文强、工程操作弱"。这种现状，导致了高校高水平工程教育师资的缺乏，影响了我国高校卓越工程师培养计划的实施，以及高水平卓越工程师人才的培养。

4. 实践教学重视不够，学生工程实践训练不足

"卓越计划"瞄准的是企业，培养的人才是能下到企业并能发挥重要作用的工程技术人才。因此，学生能运用知识解决企业实际问题的工程开发应用能力、工程设计能力、工程创新能力等工程实践能力的培养，是高校的培养重点。高校由于自身的教学条件限制以及教学观念的陈旧，长期存在着重视理论教学和轻视实践教学的问题，导致学生工程实践训练不足。高校工程实践能力培养途径，主要包括"实验、实习、实训、毕业设计（论文）、社会实践"等，而这些环节和培养途径，只有真正结合了现代企业生产实际，才能使学生有实际的感性认识，使学生感受到工程专业的实际工程价值和意义。高校工程教育实践训练不足，主要表现在如下四个方面。

一是校内设备老化，校内结合企业工程实际的"实验"和"实训"的设备老化、投入不足、更新缓慢，这些老旧设备与现代企业快速发展的高新设备，难以匹配对接与超越，对学生的训练，难以达到工程学科前沿；二是校外实习质量不高，经费不足，实习时间短，学生实习动手操作机会不多，实习对学生工程能力提高不大；三是工程设计教学脱离实际，在毕业设计（论文）与课程设计等工程设计环节，存在着研究课题多、设计课题少、设计题目脱离企业生产实际、结合企业实际的真题真做的题目少等问题，导致了学生工程设计能力的不足；四是对社会实践重视不够，效果不佳，社会实践对于学生了解国情、增长见识、锤炼品德、珍惜生活等具有重要的教育意义，还可以极大增加学生对我国企业的感性认识，对学生工程能力的培养具有重要的潜移默化的作用，由于高校对社会实践认识不足、重视不够，所以这项工作往往都是走过场，没有达到应有的育人效果。

5. 校企互利双赢的产学研合作机制尚不健全，校企联合培养卓越工程师难度较大

由于高校和企业各自的工作目标不尽相同，高校主要是培养人才，企业主要是创造利润，虽然高校和企业可以形成一定的合作联盟，但是，离教育部对卓越工程师培养的要求，还有很大的差距，例如：要求校企合作共同制定培养目标、共同建设课程体系和教学内容、共同完成培养过程、共同评价培养质量等。由于现代社会市场经济的运行规则是，只有互利双赢，才能互有动力、合作长久，而当前高校在科学研究、产品开发、工艺创新、人才培养等方面，为企业服务的水平能力等离企业的需求有很大的差距，因此，校企互利双赢的产学研合作机制尚不健全，校企联合培养卓越工程师，企业积极性不高，难度较大。其主要表现有如下"五难"。

一是"企业参与难"，企业的目标是经济效益，高校的职责是人才培养，两者目标契合度存在差异，如果不是互利双赢，企业难有参与积极性；二是"对企业的选择难"，高校选择的共同培养卓越工程师的企业，必须有一定的经济实力和科技实力，不能随便拉郎配，否则，难以达到人才培养目标；三是"资金投入难"，"卓越计划"的学生必须有一年时间在企业教学生活，这对企业的教学设备设施、学生生活设施等，均提出了较高要求，企业相关投入较大；四是"安全保障难"，安排很多学生在企业学习、工作与生活，对企业正常生产有一定的影响，企业的安全、保密、后勤压力增大；五是"实际运作难"，校企联合培养卓越工程师是一个系统工程，对"人财物"的要求、"责权利"的划分，以及教学过程的实施、培养质量的保障等，都要求很周到细致，才能顺利实施，因此，实际操作运行有一定的难度。

6. 缺乏回归工程导向的考核评价体系与激励机制，基于卓越工程师培养的考核评价体系与激励机制有待建立与完善

高校考核评价体系重论文、轻设计、缺实践，存在着"重理论轻实践、重科研轻教学、重科学轻工程、重论文轻开发"等问题。而卓越计划的考核评价体系，必须回归工程导向，必须与非工程教育评价体系有区别。因此，高校必须建立和完善回归工程导向的基于卓越工程师人才培养的考核评价体系与激励机制。考核评价体系的缺乏和不科学，会使卓越工程师培养质量，难有科学标准和保障，会导致人才培养质量的参差不齐。而激励机制的缺失，一方面，使学生工程能力的培养，没有明确的目标性、成就感和价值观，不能激发学生的学习激情、主动性和持久性，使学生的学习，存在着被动、盲目和随意性；另一方面，会导致教师在卓越工程师培养上缺乏动力、积极性、主动性和创造性。

二、提高卓越工程师人才培养质量的对策

1. 出台配套政策，切实保障卓越工程师培养计划顺利实施

要出台相应的配套政策和措施，确保"卓越计划"顺利实施。一要改变高校办学水平评价机制，建立多元化办学水平评价标准，制定基于卓越工程师工程能力培养的系列政策和措施，改变高校和社会存在的"培养工程师就低人一等"的落后的固定思维，促使高校转变工程教育观念，提高对卓越计划的认识，营造促进"卓越计划"顺利实施的良好社会氛围。二要建立卓越工程师培养的质量标准和考核评价体系，使卓越工程师人才培养的质量有章可循。三要改变高校工程教育师资的准入条件、考核评价体系、职称评定标准，建立与非工程教育师资区别对待的政策，真正使有较强的"工程开发应用能力、工程设计能力、工程实践能力、工程创新能力"的人才，汇聚到工程教育培养的师资队伍中来，切实提高工程教育师资队伍的工程素质、积极性和创造性。四要加强对"卓越计划"项目的过程监管，做好工作指导和监督，确保卓越计划规范顺利推进和高质量地完成。五要制定卓越工程师人才培养奖励激励机制，真正激发高校与企业联合培养卓越工程师的积极性和创造性。

2. 加大资金投入，切实提高校企联合培养卓越工程师的积极性

一是要加大对卓越工程师人才培养实施高校和企业的资金投入，提高校企联合培养卓越工程师的积极性；二是高校要加对大学生工程实践能力培养的投入，加快更新设备设施，加强校内外实习实践基地建设，切实提高学生的工程实践创新能力；三是企业与高校要建立校企合作战略联盟，加大对校企合作办学的投入，为卓越计划实施提供基础和条件，为国家卓越计划贡献力量；四是政府要对参与卓越计划的企业进行政策扶持和奖励。

3. 优化师资结构，切实提高高校教师的工程教育素质和水平

高水平的工程教育师资队伍，是培养高水平卓越工程师人才的关键。要改变高校师资单一结构，建设一支具有工程实践经历的高水平工程教育师资队伍。一要制定工程技术人才引进、考核和职称评定新政策，在师资引进上，不唯博士学历、不唯职称，重点考察其企业工作经历、工程技术水平能力、工程创造的价值等实际工程技术水平；在考核和职称评定上，从侧重评价理论研究和发表论文等学术指标为主，转向评价工程项目设计、专利、产学合作和技术服务等应用指标为主。二要选送优秀青年教师到企业工程岗位工作1～2年，积累工程实践经验，提高工程技术素质和能力。三要聘请校外优秀的工程技术专家担任高校兼职教师，承担卓越工程师培养的教学任务。

4. 强化教学改革，切实提高卓越工程师人才培养质量

卓越工程师是为企业服务的杰出工程技术人才，他们的工程设计、应用、创新等工程能力，对企业的发展至关重要。因此，高校在卓越工程师人才培养上，要改革和创新工程教育人才培养模式，着力提高学生服务国家和人民的社会责任感、勇于探索的创新精神和善于解决问题的实践能力。一要以工程实践创新能力培养为中心，重新构建基于卓越工程师培养的人才培养方案、课程体系、教学内容与教学方法；二要强化实践教学改革，以工程实践能力、工程设计能力以及工程创新能力为核心，提高工程实验、工程实习、工程实训、工程设计、工程社会实践的教学比重，"真刀真枪"做设计，"顶岗实习"做实习，"校企合作"做工程，切实提高学生的工程实践

素质与能力；三要加强学生职业道德、思想品德、科学精神和人文素质的培养，促进学生全面发展；四要建立健全卓越工程师人才培养质量标准、考核评价体系和奖惩机制，使卓越计划实施有章可循，切实提高卓越工程师人才培养质量。

5. 加强产学研合作，切实提高卓越工程师人才工程实战能力

一是高校要与企业建立密切的校企合作战略联盟，明确合作双方责权利，达到互利双赢。二是高校要加强自身内涵建设，提高人才培养质量和科学研究水平，提高为企业服务的主动性、积极性和水平，在科学研究、产品开发、人才培养、技术咨询、工艺创新等方面为企业提供帮助和服务，让企业确实体会到校企合作的好处，提高企业参与联合培养人才的积极性。三是企业要利用自身生产设备、技术、工艺、产品、市场和场地等方面的产业优势，为学生在企业的教育教学提供物质、场地、设备、技术、师资等方面的优质服务，为学生工程能力的培养提供实战环境和条件，为国家"卓越计划"贡献力量。四是高校要将学生送到企业真正摸爬滚打 1 年，让学生在企业实战环境中，参与企业科技创新与产品开发设计，了解工艺流程和生产环节，熟悉工程设备的操作和维修，学习和感悟企业文化与职业精神，了解国情和锤炼意志品德，全方位多领域提高学生思想道德品质、工程实战素质和工程创新能力。

参考文献

[1] 韩新才. 基于创新型人才培养的高校课程教学改革——"学生出卷子考试"的实践探索 [J]. 高校生物学教学研究（电子版），2020，10（2）：41-46.

[2] 韩新才，闫福安，王存文，等. 卓越工程师人才培养工程教育体系的探索 [J]. 实验技术与管理，2015，32（3）：13-17.

[3] 韩新才，王存文，熊艺，等. 在生产实习中注重劳动与就业能力培养的探索与实践 [J]. 高校生物学教学研究（电子版），2013，3（1）：48-51.

[4] 韩新才，熊艺，王存文，等. 高校生物技术专业人才劳动与就业能力培养体系的研究与实践 [J]. 高校生物学教学研究（电子版），2014，4（3）：18-22.

[5] 韩新才. 生物技术专业应用型人才实践能力培养机制创新研究 [J]. 教育教学论坛，2012，（14）：39-40.

[6] 韩新才，王存文，闫福安. 我国高校卓越工程师人才培养存在问题与对策研究 [J]. 教育教学论坛，2015，（31）：59-61.

[7] 习近平：发展是第一要务，人才是第一资源，创新是第一动力. 新华网. 2018-03-07.

[8] 程志伟. 创新型人才培养与高校考试改革 [J]. 辽宁教育研究，2005，（5）：25-26.

[9] 王运武，杨蔓. 从高校学生课堂教学满意度透视课堂教学创新性变革 [J]. 现代远程教育研究，2016，（6）：65-73.

[10] 钱厚斌. 创新人才培养视界的高校课程考试改革 [J]. 黑龙江高教研究，2010，（9）：145-147.

[11] 郑志辉，刘德华. 当代高校教学评价改革与中国教育梦 [J]. 当代教育科学，2014，（21）：6-9.

[12] 浙大：学生自行命题，考试的脸在悄悄变 [N]. 中国青年报. 2004-01-14.

[13] 郭小林. 改革高校课程考试制度的对策 [J]. 西南民族大学学报·人文社科版，2005，26（11）：384-386.

[14] 徐双荣，盛亚男. 从国外大学考试谈我国高校课程考试改革方向 [J]. 当代教育科学，2009，（19）：20-22.

[15] 宋菲，阎燕，许天颖，等. 教师要从"演员"变"导演" [N]. 南京日报. 2019-11-24.

[16] 教育部高等教育司. 提高质量 内涵发展：全面提高高等教育质量工作会议文件汇编 2012 年 [M]. 北京：高等教育出版社，2012.88-95.

[17] 李继怀，王力军. 工程教育的理性回归与卓越工程师培养 [J]. 黑龙江高教研究，2011，（3）：140-142.

[18] 王世斌，郄海霞，余建星，等. 高等工程教育改革的理论与实践：以麻省、伯克利、普渡、天大为例 [J]. 高等工程教育研究，2011，（1）：18-21.

[19] 陈启元. 对实施"卓越工程师教育培养计划"工作中几个问题的认识 [J]. 中国大学教学，2012，（1）：4-6.

[20] 叶树江，吴彪，李丹. 论"卓越计划"工程应用型人才的培养模式 [J]. 黑龙江高教研究，2011，（4）：110-112.

[21] 孙颖，陈士俊，杨艺. 推进卓越工程师孵化的现实阻力及对策性思考 [J]. 高等工程教育研究，2011，（5）：40-45.

[22] 吴元欣，王存文，喻发全，等. 面向现代企业需求的化工类人才培养模式改革 [J]. 化工高等教育，2012，（6）：1-3.

[23] 张文生，宋克茹. "回归工程"教育理念下实施"卓越工程师教育培养计划"的思考 [J]. 西北工业大学学报，2011，31（1）：77-79.

[24] 候翠红，张婕，李卫航，等. 化学工程与工艺专业课程体系与教学内容的改革 [J]. 高等理科教育，2012，（4）：115-118.

[25] 董庆贺，殷贤华，李伟，等. 面向"卓越工程师"的课程教学研究与探索 [J]. 实验技术与管理，2014，（7）：74-76.

[26] 何选明，王世杰，王光辉，等. 化学工程与工艺专业工程实践能力培养体系构建与实践 [J]. 化工高等教育，2010，（3）：63-67.

[27] 吴元欣，王存文. 依托专业校企合作联盟 创新应用型人才培养模式 [J]. 中国大学教学，2012，（9）：75-77.

[28] 王淑花，孙俭峰，徐家文，等. 在生产实习中注重学生实践能力的培养 [J]. 黑龙江冶金，2009，29（2）：58-59.

[29] 刘会君，项斌，计伟荣. 改革生产实习模式提高生产实习质量 [J]. 实验室研究与探索，2008，27（11）：130-132.

[30] 全国教育工作会议在京举行 [N]. 湖北日报，2010 年 7 月 15 日（第 1 版）.

［31］　孙洪雁．加强实习基础建设保证生产实习质量［J］．吉林工程技术师范学院学报，2009，25（6）：46-48.

［32］　赵颂平，赵莉．论大学生就业能力的发展［J］．教育与职业，2004，（21）：65-66.

［33］　李仲．校外生产实习的组织与管理［J］．中国冶金教育，2009，（3）：59-61.

［34］　乔守怡．生物学专业建设与人才培养现状分析［J］．高校生物学教学研究（电子版），2012，2（3）：3-6.

［35］　肖云，杜毅，刘昕．大学生就业能力与社会需求差异性研究［J］．高教探索，2007，（6）：130-133.

［36］　郑晓明．就业能力论［J］．中国青年政治学院学报，2002，2（3）：91-92.

［37］　阎大伟．试论大学生就业能力的构成和要素［J］．青海社会科学，2007，（6）：28-31.

［38］　蔡敏，靳国旺，欧阳素贞．生物技术专业实践教学体系的探索与实践［J］．现代农业科技，2011，（2）：30-31.

［39］　刘莹，马丹丹，李娜，等．生物技术专业创新实践教学模式［J］．辽宁工程技术大学学报（社会科学版），2009，11（5）：559-560.

［40］　侯永峰，武美萍，宫文飞，等．深入实施卓越工程师教育培养计划，创新工程人才培养机制［J］．高等工程教育研究，2014，（3）：1-6.

注：本章是如下基金项目的研究成果：湖北省高等学校省级教学研究项目"卓越工程师培养模式的深化及实践"（项目编号：2012282）；"十一五"国家课题"我国高校应用型人才培养模式研究"的重点子项目"生物技术专业应用型人才培养机制创新研究"（FIB070335-A10-01）；武汉工程大学校级教学研究项目："生物技术专业应用型人才实践能力培养机制创新研究"（项目编号：X201028）；武汉工程大学校级教学研究项目："基于快乐教学人人成才理念的高校课堂教学改革研究"（项目编号：X2016019）。

第五章

高校基层教学组织建设研究与实践

| 第一节 |

高校教研室工作存在问题的分析探讨

高等学校教研室是高校教学管理体系的重要组成部分，是大学治理的逻辑起点和实施内涵建设的关键。本节对我国高校教研室工作存在的 6 个方面的问题进行了分析探讨，为我国高校采取相应措施，解决教研室存在的问题提供参考。

高等学校教学研究室（简称高校教研室）是高校根据学校建设和发展需要，按照学科、专业、课程而设置的教学与科研相结合的基层教学、研究与管理组织。高校教研室是高校"校、院（系）、教研室"三级教学管理体系和内部治理体系的重要组成部分；是高校实现教学目标，完成教学任务的基本单位；是增强科研水平，提高教学质量的基本保证；是大学治理的逻辑起点和大学实施内涵建设的关键。在新的历史条件下，高校教研室工作还存在着许多与教育教学改革发展形势不相适应的问题与困难，分析研究教研室工作存在的问题，采取有针对性的措施加以解决，对于提升教研室工作水平，提高高校教学质量乃至大学内涵建设水平，都具有重要的意义。教研室工作存在的一些具体问题与困难，主要有如下表现。

一、对教研室工作重视不够，对教研室职能认识不清

高校扩招后，高校在建设与发展中存在一些问题，如重视硬件建设和规模扩张，忽视人才培养和内涵发展；重视科研工作和科研论文，忽视教学工作和教学研究；重视校院（系）两级管理职能发挥，忽视基层教研室的教学科研核心功能的拓展等。高校办学的主要精力放在硬件建设上，对教研室建设与管理重视程度不够。教研室处于应付行政和一般性教学事务之中，偏离了"教研"核心，学术机构异化为行政机构，偏离了"教学研究"和"科学研究"的教研室工作本质，淡化了教学内容与教学方法的研究和教育教学改革。

二、教研室管理制度不健全，工作职能虚弱化

教研室工作对象有三类，学校管理部门、教师、学生，教研室工作千头万绪、千辛万苦。然而，由于教研室缺乏系统科学的管理制度，导致其工作难以有效开展，难以依法办事。管理制度缺陷主要表现在以下三个方面。一是教研室工作职责不清，没有科学规范的教研室工作管理制度和工作条例；二是缺乏学科建设、专业建设、课程建设、师资队伍建设等教育教学工作长远发展

规划；三是没有形成教研室工作的考核评价体系、监督约束机制和奖惩措施等。

管理制度的缺失，影响教研室工作的积极性、主动性和创造性，导致了教研室的组织涣散和工作职能的虚化。主要表现为三个方面：一是工作没有目标，随机性大，缺少预见性，工作跟着具体事务转，难有创新性，很难高质量完成学校管理部门分配给教研室的工作任务；二是教研室工作被动、效率低下，教研活动效果暗淡，教研室凝聚力不强，有效组织教师开展教学科研工作的动力不足；三是教研室的责权利不清，除了责任和义务外，几乎没有任何权力，教学管理苍白无力，难以对教学工作和教学质量实施有效监管，而且有效服务学生的能力也大打折扣。此外，还存在一些问题，如投入不足，缺乏正常活动经费；待遇不高，主任津贴难以和工作付出成比例；奖励不明，没有相应的教研室工作荣誉和奖励制度；发展不大，没有相应的教研室工作培训制度，个人难有发展等，这些问题，都不利于高校基层教学组织功能的正常发挥。

三、教研室机构人员松散化，教研活动不能有效开展

教研活动是专业建设、课程建设、人才培养的重要活动形式，也是科学研究的基本方式。然而，当前高校考核评价机制，无论在教学方面，还是在科研方面，都对教研室机构人员的紧密合作有不利影响。在教学方面，高校存在的单一教学工作量考核和课酬奖励机制，使教师基本处于被动的教学应付状态，教学成为教师挣工作量和课酬的一种手段，教研室教师之间上课时间各不相同，共处时间较少，在教学方面留给教师之间相互接触与沟通机会就很少。在科研方面，高校科研考核与奖励的主要依据是教师主持完成的科研成果，如项目、论文、专利、获奖等，导致高校教师在科研上，都会争当主持人和第一完成人，因此，在科研上教师之间基本上也是处于各自为战的松散化状态。虽然高校也存在着一定数量的教学团队和科研团队，这些团队对高校教学和科研工作具有重要的支撑作用，但是，对于大多数教师来说，教研室教师之间，由于缺乏共同时间、缺乏合作交流、缺乏团队合力，导致了教研室的教研活动，存在着时间难保障、出勤率低、流于形式等问题。教研室多忙于具体事务性工作，没有时间也没有氛围，开展教学与科研的学术问题讨论交流，既不从事教学内容的讨论，也不重视教学方法的研究，更遑论教学改革推进，人才培养质量参差不齐，教学质量难以保证。

四、考核评价体系重科研轻教学，挫伤了教师教学积极性

教师的学术水平主要体现在两个方面，即学科学术水平和教学学术水平。高校在教师业绩考核、职称评聘、晋升定级等政策制度的导向上存在一定的偏差，如重视学科学术水平，轻视教学学术水平；重视科研，轻视教学；对科研要求多，对教学要求少；培养学术带头人多，培养教学带头人少等。在职称评聘、工作考核、奖励荣誉等方面，科研有清晰量化的硬指标，教学为模糊含混的软指标，教师不得不花大量的时间和精力，找课题，搞科研，发论文，评职称，科研压力大，加上承担大量的教学任务，对教学工作采取应付态度，教学改革和教书育人观念淡薄，无意开展深层次的教学研究，从而降低了教学质量。教学与科研相辅相成，要协调发展，"教而不研则浅，研而不教则空"。教学与科研的一手软一手硬的状况，挫伤了教师对教学工作和教学改革的积极性，教师仅仅是为教学而教学，导致了高等学校的教学工作出现了"师厌教、生厌学、教学差"的不良状况的蔓延。

五、教研室档案意识不强，基层教学组织健康发展基础不牢

教研室档案，主要包括如下 6 种类型。(1)教师教学档案，包括教材、讲义、教案、课程教学大纲、教学日历、教学计划，以及教师的教学和科研个人档案等；(2)学生学习档案，包括学生名单、籍贯、联系方式、试卷及成绩统计分析总结、实验实习资料、毕业设计论文、考研就业创业情况等；(3)专业建设档案，包括课程建设、实验室建设、师资队伍建设等；(4)教学研究与改革档案，包括项目、等级、进度、效果、获奖等；(5)科学研究与学科建设档案，包括项目、成果、获奖、学位、学科等；(6)教研室管理档案，包括教学管理文件、规章制度、教研室活动情况等。要分门别类对相关的文字、音像、图表等资料，进行收集、整理、编号、著录、立卷、归档，建立规范化的纸质和电子档案。

教研室档案，不仅是教师工作凭证，也是今后工作参考信息资料，还是各种评估考核的原始依据材料和教研室改革发展的历史凭证，对专业学科和教育教学发展具有重要的意义。由于高校对教研室工作的重视不够，教研室大多存在着教学档案意识不强、教学档案管理无序等问题。教研室档案的缺失，不仅影响教学评估的真实性与效果，而且丧失了教学档案在教学工作中的借鉴与促进作用，还会导致基层教学组织发展根基不牢。

六、教研室思想政治教育和基层党的建设工作有待加强

高校教研室的主要职责是教学和科研，业务工作非常繁重。在教研室工作中，大多存在着重业务工作、轻思想教育，重行政管理、轻党的建设等问题。高等学校的法定职责是教书育人、科学研究、社会服务和文化传承，要履行好高校职责，重要的是要有一大批爱岗敬业、无私奉献、有高尚师德和大爱情怀的大学教师队伍。教师的思想觉悟、道德品质、文化素养、人生观、价值观和治学态度，无时无刻不对学生产生教育和影响作用。强化教研室基层组织的思想教育工作，引导培育高尚的师德师风，可以促进教研室工作健康发展。

加强基层党组织建设，把党支部建设在基层教研室，培育实施基层党支部"双带头人工程"和深入开展"两学一做"活动，可以充分发挥党员的先锋模范作用。

| 第二节 |

高校教研室工作职能的分析探讨

在高等教育大众化、国际化和现代化的发展背景下，传统封闭的教研室工作模式与职能定位，难以适应现代教育教学改革发展需要，厘清教研室工作职责，对于提升教研室工作水平，提高高校教学质量乃至大学内涵建设水平，都具有重要的意义。本节对我国高校教研室工作的 9 个职能进行了分析探讨，对我国高校教研室工作的职能进行了定位。

随着高等教育的大众化、国际化和现代化的发展，社会对高校人才培养质量提出了更高的要求，厘清教研室工作职责，对于提升教研室工作水平，提高高校教学质量乃至大学内涵建设水平，具有重要的意义。高校教研室的工作职能与职责，涉及高校教育教学工作的方方面面和高校内涵建设与发展的主要领域，主要包括教学工作、科学研究工作、人才培养工作、管理工作，以及专业建设、学科建设、师资队伍建设、课程建设、实验室建设等多个方面。

一、教学工作

教学工作是高校的工作中心和灵魂，是高校的本质要求和核心工作，高校的教学工作，主要包括教学工作计划、教学工作组织、教学工作监控和教学研究与改革等方面。

1. 教学工作计划。教学工作计划，是教学工作的纲领、教学组织的依据和教学监控的标准。主要包括：（1）教研室建设发展规划与年度工作计划；（2）师资队伍建设计划；（3）教材与讲义的编写与选用计划；（4）课程建设规划与课程教学大纲的编写与修订计划；（5）实验室建设计划；（6）教学研究与改革计划；（7）教学监控与考核评估计划；（8）专业与学科建设发展计划；（9）专业人才培养方案和人才培养计划等。

2. 教学工作组织。教学工作的组织，是教学计划实施和教学目标实现的重要保障。主要包括：（1）教学工作任务分配与实施；（2）教学文件编写和审核，如教学日历、教学大纲、教案等；（3）教材的编选和审定，包括教参、教辅材料；（4）实践教学的组织与实施，包括实验、实习、课外科技活动、社会实践活动等；（5）实习实践基地的建设与管理；（6）毕业设计论文的组织，包括题目征集审题、师生双向选择、开题与研究、答辩与评分等；（7）考试的组织，包括试卷、标准答案、评分标准的审核，组织阅卷，试卷成绩分析与总结等；（8）教学过程组织，抓好备课、讲课、答疑辅导、批改作业等课堂教学环节的组织，以及实验、实习、课程设计、毕业设计论文、社会实践等实践环节的有序开展，平时做好教师调停课审批备案、上课纪律检查、课程补考、试卷装订上交等工作；（9）教学评估的组织，收集整理各类教学档案，参与各级各类教学考核与评估工作，确保教学评估与考核结果真实准确。

3. 教学工作监控。教学工作监控，是对教学计划实施的监督。主要对教学过程、教学内容、教学质量，进行检查、监督、考核、反馈、总结，确保日常教学运行顺畅有序、教学质量稳定提高。教学工作监控的重点，主要有如下四点：（1）监督教学工作的规范性，检查监督教师的备课、讲课、辅导、作业，以及实验、实习、毕业设计论文等工作开展的规范性；（2）监督教学纪律，对教学过程的各个环节的教学纪律的执行情况，进行全程监督，防止教学事故发生；（3）监督教学质量，组织领导听课、同行听课、学生评课，征求学生和教师对教学的建议与意见，不断改进教学方式方法和提高教学质量；（4）监督教学考核评价结果，对检查监督的教学情况，进行分析、总结、反馈，作为教师教学工作质量的重要依据和年终考核评价的重要指标。

4. 教学研究与改革。教学应该建立在教学研究的基础之上，教学研究是高校特有和必不可少的研究领域，通过教学研究，用教育理论武装自己，进而指导教育教学实践，可以减少教学工作的探索时间，有利于提高教育教学质量。要通过深入的教学研究与改革，促进高校教学工作，形成特色化的课程体系、规范化教学管理、现代化教学条件、多样化教学手段、高效化教学团队、优质化教学效果。（1）教学研究，重要的是更新教学思想观念，优化人才培养模式，研究教学实践中存在的问题，提出解决措施与对策，把先进的教育教学理论和教学方式方法运用到教学实践中，提高教育教学质量；（2）教学改革，主要是优化教学内容，更新教学手段，改进教学方法，提升教学水平；（3）教研活动，关键是进行经常性的教学内容和教学方式方法研究，组建教学研究团队，申报教研项目，开展理论联系实际的教学研究与改革，组织示范教学和集体备课，交流教学心得、教改成果和教书育人经验，参加和举办教研学术研讨会，提高教学研究与改革水平。

二、科学研究工作

科学研究工作（科研工作）是高校的四大职责之一，也是教研室工作的重要职责之一。科研有利于丰富学科内涵，拓展学科知识，提高学术水平，活跃学术氛围。教研室要组织教师开展科学研究工作，组织学术活动并吸收学生参加，活跃学术气氛，组建老中青结合的科研梯队和团队，提高教师学术水平和综合素质。科研工作的内容，主要包括，科研方向与团队建设、科研平台与条件设施、科研项目及级别、科研经费与进展、科研成果与获奖、科研论文与专著、科研应用与学术活动等方面。高校人才密集、实验设施完备，教研室学科专业课程相近，具有科学研究得天独厚的条件，有利于凝练科研方向，组织协同攻关，取得科研成果。

三、人才培养工作

人才培养是高校的最重要的使命，也是教研室工作的应尽之责。教研室人才培养工作，主要有如下四个方面工作。（1）组织教师加强专业建设和人才培养模式改革，改进教学方式方法，促进教学质量提高。（2）重视实验、实习、课程设计、毕业设计论文等实践教学，引导学生开展课外科技活动和社会实践活动，产学研结合，促进学生综合素质和实践动手能力以及创新创业能力的提高。（3）关爱学生，因材施教，关心学生的学习生活以及考研考级、就业创业、职业规划等，促进学生健康成长，人人成才。（4）教书育人，以德树人，把传授知识同启迪思维、陶冶情操、塑造心灵结合起来，培养学生形成正确的人生观、价值观、世界观和高尚的思想道德情操，促进学生德、智、体、美全面发展。

四、管理工作

教研室是高校与课程、专业、学科密切相关的基层组织，教研室成员之间只有加强协作、互帮互助、齐心协力，才能有长远的发展与进步。教研室要通过科学规范的管理措施，支持教师参与教学事务的决策与管理，酿造和谐人际关系，调动全体教师的工作积极性、主动性、创造性，增强教师的荣誉感、尊严感、幸福感、获得感，提升教学质量和管理水平，促进教育教学全面发展。教研室的管理工作主要包括如下 5 个方面。

1. 加强组织建设。组织建设，是教研室管理的组织保障，主要有三点：（1）建设一支精简高效、结构合理的学术团队和教学团队；（2）选配好具有办事公正、作风正派、爱岗敬业、团结同志和丰富的教学管理经验、较高的学术水平与奉献精神的教研室正副主任；（3）把党支部建设在教研室，加强思想政治工作与党的建设，强化师德师风教育。

2. 加强制度建设。制度建设，是教研室管理的制度保障。要实现教研室管理规范有序和有章可循，离不开科学规范的管理制度，通过制定教研室工作条例，修改完善教研室工作制度，使教师工作的任务与目标、过程与环节、职责与权限、考核与评估、奖惩与分配，以及教研室工作的责权利等，有章可循，有法可依。教研室管理制度，涉及方方面面，主要包括教研室活动制度、教学研究制度、科学研究制度、档案资料管理制度、教学监控制度、集体备课制度、听课试讲制度、导师制度、教书育人师德师风制度、政治学习制度、考勤与考核评估制度、奖惩制度等。

3. 加强档案管理。档案管理，是教研室管理的基础。教研室档案，是教研室的原始材料和考核评估依据，对教研室和教师今后的教育教学发展都具有一定的借鉴参考价值，教研室档案，主要包括教学、科研、学科、课程、专业等档案，以及教师教学档案、学生学习档案、教研室活动档案等，要分门别类收集、整理、著录、归档，建立高质量的纸质与电子档案。

4. 加强行政管理工作。行政管理工作，是教研室管理的支撑。教研室要根据上级组织对教育教学管理要求，及时传达并落实上级组织对教研室的业务工作与政治思想工作的指示精神，同时，积极反映教研室教师对学校工作的意见与建议，做好上传下达工作，确保政令畅通和集思广益。

5. 加强日常管理工作。日常管理工作，是教研室管理的支柱。通过工作计划制定与实施、人员调配与组合、任务分配与落实、工作检查与监督、年终考核与奖惩，以及专业学科建设与评估、课程建设与资源利用、科研组织与学术交流等各个方面，强化教研室的日常化、规范化与科学化管理，提高管理水平。

五、专业建设

人才培养离不开专业和学科的发展，专业建设和学科建设成果是人才培养的重要保障。专业建设主要有三项重要工作。一是根据国家对专业发展的要求和学校教育教学条件，制定科学化、规范化、特色化的专业人才培养方案、专业标准、专业建设规划；二是优化专业人才培养模式，创新人才培养方式方法，提高人才培养质量；三是根据国家经济产业发展状况和专业人才培养需求，创新专业人才培养思路，注重实践能力培养，走差异化、特色化、品牌化专业发展与建设道路。

六、学科建设

要根据国家的科技发展趋势和需要，结合学校专业和学科优势，整合专业和学科力量，建立跨学科跨专业的创新人才培养平台，促进教学、科研与学术融合，为培养复合型创新性人才服务。学科建设工作主要有四点。一要根据学校学科发展状况，制定学科建设和学位点建设规划。二要凝练学科方向，整合学科力量，组建学术团队；三要加强科学研究，注重学科体系优化，强化优势学科建设；四要加强研究生培养与学位建设布局，提高学位培养质量。

七、师资队伍建设

师资队伍建设是教研室工作的重要职责，有利于人才梯队与教学大师的形成。清华大学梅贻琦校长有句名言"大学之大，不在大楼，而在大师"，这充分说明了高校师资队伍建设的重要性，而高校师资队伍建设的落脚点在教研室。教研室师资队伍建设工作，主要有如下四点。（1）根据学校专业、学科和课程发展需要，制定师资队伍建设规划。（2）加强师资队伍素质和能力培养提高工作，通过各种有效措施，提高教师的综合素质与能力。如：鼓励教师进修、读博、出国培养，实施教师传帮带制度，加强教师的引进力度，支持教师产学研合作，以及合理配置师资组建教师团队等，使师资队伍的职称、年龄、学历和知识结构合理，教学科研学术梯队完整，教师教学科研水平大幅度提高。（3）加强青年教师培养，提高其政治和业务素质。指定有经验的老教师进行传帮带，以老带新，互帮互学，把优秀的教学经验和教学成果传下来，提高青年教师的教学科研业务水平和思想政治素质。（4）加强师德师风建设。德乃师之魂，教师的思想觉悟、道德品质、文化素养、人生观、价值观和治学态度，无不对学生产生教育和影响作用，教师必须重视自身的道德品质修养，提升自己的知识水平和人格魅力，高标准、严要求，做好表率，教书育人，以德树人，不断提高自身的思想觉悟、政治素质与道德情操与品质。

八、课程建设

课程建设是一个系统长期的动态过程，是高校教学建设中永恒的主题，需要不断地经验总结和改革创新。课程建设主要包括如下五点。（1）开展精品课程建设。以科学先进的教学思想与理念为指导，优化课程体系与课程结构以及教学内容与教学方法手段，跟踪学科前沿，建设具有专业特色的精品课程。（2）开展课程建设专题研究与实践。在课程教学的诸多方面，如：质量与标准、教材编写与应用、教学过程与技巧、教学内容与方法、教学基础与条件、教学效果与评价、双语教学与考试改革、多媒体应用与微课、慕课等网络教学手段运用等，开展课程建设专题研究与实践，提高课程教学水平与课程建设水平。（3）实施课程质量标准化工程。要编写规范的课程教学大纲，统一课程教学质量标准，确保课程教学质量。课程教学大纲和课程教学质量标准的内容，主要包括课程信息、课程简介、教材与参考资料、课程教学要求与质量保障、课程教学内容与难点、课程考核要求与成绩评定、学生学习建议、课程改革与建设等。（4）实施教材建设工程。要编写适应教学需要、水平高、具有特色的教材和教学参考资料。（5）彰显课程教学特色。

随着科技的进步发展，交叉学科与综合学科不断涌现，学科界限不断模糊，课程既要保证学科知识的完整性与系统性，又要打破学科传统知识结构，重视学科知识的综合性、灵活性、职业性、人文性，鼓励教师将个人学术兴趣、研究成果、人文素养与教学结合，形成个人教学特色和课程教学特色。

九、实验室建设

实验室建设是实验教学和科学研究的基础工作，对学生实验动手能力和科研能力培养具有重要作用。实验室建设的重要工作有五点。一要对实验室的建设与改造更新工作进行规划与实施，内容主要包括，实验室名称与地址、实验项目与设备、试剂与耗材、人员与技术、经费与分配、设施与管理等；二要加强实验室管理，确保实验室高效运行；三要保证所开实验的数量和质量，提高实验仪器设备使用率；四要加强实验室安全工作，对实验室的水电气以及危险、腐蚀、爆炸品，按照实验室安全管理规范，进行操作处理，确保实验室安全；五要开展重点实验室建设工作，提升实验室建设水平。

| 第三节 |

高校基层教研组织建设的实践

> 高校基层教研组织建设，是大学治理的逻辑起点和实施内涵建设的关键，对于提高高校教学质量乃至大学内涵建设水平，都具有重要的意义。根据近20年来高校基层教研组织建设的实践，以武汉工程大学生物化工学科部建设为例，对高校基层教研组织建设进行探讨，为我国高校生物技术、生物工程、生物科学、生物制药、食品工程等专业教研室工作建设与发展提供参考。

高校基层教研组织在高校建设改革发展中具有极其重要的作用，与学科和专业发展以及人才培养质量息息相关，加强高校基层教研组织建设，是落实教学计划、增强科研水平，提高教学质量的基本保证。高校扩招后，随着高等教育的大众化、国际化和现代化的发展，社会对高校人才培养质量提出了更高的要求，在新的历史条件下，采取切实有效的措施，加强基层教研组织工作，对于提升教研室工作水平，提高高校教学质量乃至大学内涵建设水平，都具有重要的意义。根据近20年来高校基层教研组织建设的实践，以武汉工程大学生物化工学科部建设为例，对高校基层教研组织建设进行探讨，以期为我国高校生物技术、生物工程、生物科学、生物制药、食品工程等专业教研室工作建设与发展提供参考。

一、基层教研组织建设存在的问题

武汉工程大学生物化工学科部（简称：学科部），是在学校化学工程、制药工程、应用化学、生物化工等优势学科基础上建设发展起来的，现有生物工程、生物技术、食品工程3个本科专业，生物化工学科部自从1999年开始招生成立以来，经过近20年发展，在校院两级组织的领导下，在师资队伍建设、教学工作、科研工作、人才培养工作，以及专业与学科建设等方面，积极开展基层教研组织建设，虽然取得了一定的成绩，但也存在着一些问题，主要有如下四个方面。（1）在教学工作上，部分青年教师教学基本功不扎实，教学质量有待进一步提高，教学质量工程省级及以上项目欠缺。（2）在科研工作上，缺乏科研领军人物，没有凝练明确研究方向，形成真正的科研团队，科研设备和科研平台缺乏，科研经费不足，科研获奖级别不高。（3）在学科建设上，学科建设相对滞后，缺乏强有力的学科带头人，研究生教育生源稀少，没有生物学科一级或二级硕士点。（4）在专业建设和人才培养上，生物工程、生物技术、食品工程3个专业整体办学实力不强，生物学科学生的人才培养质量有待加强，学生就业压力较大。

二、加强基层教研组织建设的思路和措施

根据学校对基层教研组织建设的目标和要求，针对我校生物化工学科部基层教研组织存在的主要问题，我校生物化工学科部，加强基层教研组织建设的思路和措施是："教学工作固基础，科学研究促发展，学科建设上档次，人才培养强特色，基层管理重创新，教研成果上台阶"。

1. 教学工作固基础。教学是高等学校的工作中心，学科部要真正重视教学工作，做好青年教师的一对一传帮带，开展教学基本功竞赛，研究解决教学中存在的问题，探讨教学方式方法的创新、推广与提高，真正使学科部成为教学研究和创新的阵地，切实提高生物专业教学质量和水平。要整合和构建以课程、专业为基础的教学团队，开展教学研究工作和质量工程项目申报与建设，巩固生物专业的教学基础。

2. 科学研究促发展。科研是高校实力象征和标志，高校的科研水平显示高校的办学水平与核心竞争力。学科部要切实加强科研工作，培育科研团队，凝练科研方向，搭建科研平台，提高科研经费，培育和引进科研骨干和学术带头人，形成高水平的科研成果。在生物浸矿、生物能源、生物医药与农药、食用菌资源等方向形成团队与研究方向，在国家级科研项目、检索论文、专利、省级以上科研获奖等方面，形成更大的科研成果，在生物实验科研公共平台上，争取学校支持，建设一个资源共享的生物科研实验平台，改变生物科研条件不足的状况。

3. 学科建设上档次。人才培养离不开专业和学科的发展，专业建设和学科建设成果是人才培养的重要保障。学科部要加强生物工程、生物技术、食品工程专业建设，提高专业建设质量和水平，加强专业教学实验室的设备更新和改造，提高实验室使用效率。积极申报生物二级学科硕士点，加强研究生教育培养，提高研究生培养数量与质量。积极配合学校博士点建设工作，为博士点建设做出应有的贡献。在生物学科目前比较弱势的情况下，通过积极努力，逐步提高生物学科建设水平。

4. 人才培养强特色。我校是以化学工程与技术为优势和特色的高校，生物专业要想提高人才培养质量，必须依托化工学科优势，走特色发展之路。生物专业人才培养要以化工、制药等学校优势学科为依托，加强生物与化工、生物与制药融合，彰显我校培养的生物专业人才的"生物化工"与"生物制药"优势和特色。

5. 基层管理重创新。学科部是学校的基层教学组织单位，学校一切工作落脚点都在学科部，学科部工作千头万绪，千辛万苦，需要积极工作、创新工作和奉献精神，同时，学科部也是问题和矛盾最多的基层单位，要求学科部工作应该公平、公正，学科部领导要工作正派。要通过科学规范的管理措施，支持教师参与教学事务的决策与管理，酿造和谐人际关系，调动全体教师的工作积极性、主动性、创造性，增强教师的荣誉感、尊严感、幸福感、获得感。要创新基层管理工作，适应学校快速发展的步伐，核心是以人为本，尊重老师能力、水平的个体差异性，调动全体教师的工作积极性，发挥每个教师的专长，为学科部的发展贡献力量和智慧。要改变学科部只是上传下达忙于具体事务的工作方法，变被动工作为主动工作，变事务工作为研究工作和创新工作，提高学科部整体工作效率和工作质量与工作水平。

6. 教研成果上台阶。通过强化基层教研组织建设，使生物化工学科部在"十三五"的教学和科研成果上台阶。（1）在教学方面，组建1～2个省级教学团队，申报1～3项省级以上教学研究项目，建设1～2门省级精品课程，获得1～2项省级以上教学奖，每年发表教学研究论文10篇以上，教学质量和教学效果显著提高。（2）在科研方面，每年获批国家自然基金等国家级项目1～2项，授权

专利 2~3 项，检索论文 10~30 篇，科研经费突破 300 万元，获省级科研奖 1~3 项。(3) 在学科建设方面，申请获批 1~2 个生物二级学科硕士点，将生物工程专业建设成校级品牌专业。(4) 在人才培养方面，本科生就业率明显提高，达到 95％以上，考研率达到 30％~40％。

三、基层教研组织建设的基本成效

1. 形成了一支结构层次比较合理和素质较高的师资队伍。按照引进、培养、提高相结合的原则，加强师资队伍建设，提高了教师业务和思想的综合素质与能力。目前，学科部形成了一支结构层次比较合理和素质较高的师资队伍。有专任教师 24 人，其中，教授 7 人，副教授 8 人，博士 18 人，博士生导师 3 人；教育部新世纪优秀人才 1 人，特聘教授 2 人，校级高端人才培养计划 2 人；有多人荣获校级优秀共产党员、党务工作者、科研先进工作者、本科教学评估先进个人，以及教学"三优两免"优秀个人。师资队伍建设成果，为学科部进一步发展提供了重要的智力和人才支撑。

2. 教学研究与改革特色凸显，教学质量显著提高。教学工作是高校的本质要求和核心工作，学科部在教学工作计划、教学工作组织、教学工作监控、教学研究与改革等方面，强化教学工作的核心地位，显著提高了教学工作水平与质量。目前，学科部主持完成教学研究项目共 20 项，其中，国家级教学研究项目 1 项，省部级教学研究项目 4 项，校级教学研究项目 15 项；发表教学研究论文 30 余篇；获得中国石油与化工联合会教学研究成果奖三等奖 2 项，校级教学成果奖一等奖 1 项、三等奖 2 项；获得校教学优秀奖二等奖和三等奖各 2 项；获全国高校生物学教学研究优秀论文奖 1 项。

3. 科学研究工作成效初现端倪。科研有利于丰富学科内涵，拓展学科知识，提高学术水平，活跃学术氛围。学科部在凝练科研方向、组建科研团队、开展科研攻关等方面，加强科研工作，科研在生物浸矿、生物医药、生物制药等方面的成果初见端倪。学科部承担国家自然科学基金等国家级科研项目共 10 余项，省部级项目近 30 项，获得国家发明专利授权近 20 项，发表 SCI 等高水平科研论文近 100 篇，获得省部级科技奖励 10 余项。

4. 专业与学科建设逐渐增强。人才培养离不开专业和学科的发展，学科部分别与 1999 年、2003 年、2005 年组建了生物工程、生物技术、食品科学与工程 3 个本科专业，并开始招生，通过近 20 年的专业与学科建设，生物工程专业被学校列为优势培育专业，在学科方面，建设有生物工程专业硕士学位和自设应用微生物硕士学位 2 个硕士点，生物化工学科作为我校化学工程与技术一级学科博士点的二级学科，可以招收博士研究生。

5. 人才培养质量稳步提升。按照我校"全面成才，追求卓越"的教育理念和"一主四翼多极"人才培养定位，以"两型两化"为培养规格，通过强化"三实一创"实践教学特色体系，促进了生物化工学科部人才培养质量的稳步提升。"一主四翼多极"，即"一主，即以大化工为主线；四翼，即磷资源开发与综合利用、化工新材料、先进制造和人文社会科学四个学科群；多极，即多个学科增长极"。"两型两化"，即"创新型、复合型、国际化、工程化"。"三实一创"，即"实训、实验、实习和创新"。目前，生物化工学科部有 30 多名学生荣获国家奖学金和省政府奖学金；10 多名学生荣获全国英语竞赛、奥林匹克作文竞赛等全国竞赛一等奖；20 多名学生荣获湖北省生物实验竞赛、大学生化学化工创新大赛等省级奖；应届毕业生获得省级优秀毕业论文奖 40 余篇；考研录取率为 30％以上；毕业生每年就业率均在 95％以上。

| 第四节 |

高校基层教工党支部突出政治功能的实践

> 　　高校教工党支部直接处于学校的教学、科研和管理服务第一线，直接承担着贯彻落实党的路线方针政策和高校各项具体工作任务的责任，以及教书育人、以德树人、培养高素质人才的光荣使命。本节以武汉工程大学环境生态与生物工程学院教工党支部为例，论述教工党支部在支部建设中，突出政治功能的具体实践事例，为高校基层教工党支部建设提供参考。

　　高校基层教工党支部，是高校党的基础组织，担负直接教育党员、管理党员、监督党员和组织群众、宣传群众、凝聚群众、服务群众的职责，处于学校的教学、科研和管理服务第一线，直接承担着贯彻落实党的路线方针政策和高校各项具体工作任务的责任，以及教书育人、以德树人、培养高素质人才的光荣使命；对高校办学方向以及"双一流"建设和内涵发展，具有重要的政治保障作用，是高校党的全部工作和战斗力的重要基础。加强教工党支部建设，突出党的政治功能，充分发挥党支部战斗堡垒作用和党员先锋模范作用，对于高校认真落实"立德树人"的根本任务，着力引导师生成为马克思主义的坚定信仰者、积极传播者和模范践行者，增强师生理想信念和践行社会主义核心价值观，培养中国特色社会主义合格建设者和可靠接班人，具有重要的意义。本文以武汉工程大学环境生态与生物工程学院教工党支部2018年党建工作具体实践为例，反映高校基层教工党支部突出政治功能的具体事例，旨在为高校基层教工党支部加强党建工作，发挥战斗堡垒作用，提供参考。

　　武汉工程大学环境生态与生物工程学院，是学校为了强化环境生态与生物学科的优势，于2018年成立的新学院。其教工党支部，由生物工程专业、生物技术专业、食品工程专业、环境科学专业教工党员和学院党政部门的党员组成，共有党员26人。2018年，教工党支部在学院党委的坚强领导下，认真学习贯彻习近平中国特色社会主义思想和十九大精神，充分发挥党的政治优势、党支部战斗堡垒作用和党员先锋模范作用，在新学院成立开局之年，凝心聚力，奋发有为，为新学院展现新气象、实现新发展、取得新成绩，起到了重要的政治引领和保障作用。2019年7月党支部荣获"武汉工程大学2017—2019年度先进基层党组织"称号。

一、　以政治学习为抓手，充分发挥党的政治优势，做中国特色社会主义事业的坚定践行者

　　旗帜鲜明讲政治是我们党作为马克思主义政党的根本要求，党的政治建设是党的根本性

建设，决定党的建设方向和效果，事关统揽推进伟大斗争、伟大工程、伟大事业、伟大梦想。政治属性是党组织的根本属性，政治功能是党组织的基本功能，强化党组织的政治属性和政治功能，是新时代党中央对各级各类党组织的明确要求，也是各级党组织必须遵循的原则。发挥党的政治优势，突出党的政治功能，必须旗帜鲜明讲政治，要以习近平新时代中国特色社会主义思想为统领，指导工作，推动实践，真正做到学懂弄通做实。只有基层党组织的领导核心和政治核心作用得以充分发挥，党的领导才能有效贯彻落实到基层。党支部要以政治学习为抓手，加强思想政治教育、理想信念教育和师德师风教育，以新时代党的新思想新理论新战略为遵循，武装思想，落实到具体实践中去，在学习中强化组织力，在学习中增强免疫力，在学习中提高战斗力。

一是创新支部学习方式，增强学习效果。通过支部党会集中学习、讲微党课、参加培训、网络自学、外出考察、成果交流、知识竞赛、考试测验等方式，深入学习党的十九大精神和习近平新时代中国特色社会主义思想；学习党章和宪法；学习党支部工作条例、纪律处分条例以及全国教育大会精神；学习习近平总书记视察湖北讲话精神以及学校目标责任制考核方案、人事制度改革方案等中央、省和学校文件精神，支部学习做到"写在纸上、贴在墙上、记在心上、挂到网上、用在行上"。通过学习，切实使全体党员，认真践行社会主义核心价值观，提高社会公德、职业道德、家庭美德和个人品德，坚定理想信念，增强"四个意思"、坚定"四个自信"，做到"两个维护"，在政治上行动上同以习近平同志为核心的党中央保持高度一致。

二是运用"互联网＋学习"模式，促进学习常态化。网络平台是理论传播的前沿阵地，党员学习教育的载体，利用网络平台，将学习的文件、资料、视频等上传到网络，开展"互联网＋学习"，可以创新学习教育的内容和形式，激发党员自主学习兴趣，使党员的培训教育趋于常态化，可激活党建工作。我院教工党支部建立了教工党支部 QQ 群、微信群、学习强国支部群等，第一时间将重要文件，例如十九大精神、全国教育大会精神等的全文和学习辅导文件以及相关视频，上传到群里，供大家学习文件精神，促进了学习的时效性和震撼力。

三是传承红色基因，红色基地现场学。支部组织党员到湖北红安革命老区开展"忆红色岁月"主题党日活动，参观烈士陵园，凭吊革命先烈，重温入党誓词，使党员思想得到了洗礼、精神得到了升华、信仰得到了坚定。通过创新学习，使教工党员的政治原则、政治纪律、政治规矩、政治立场、政治道路、政治方向与党的路线、方针、政策保持高度一致。

二、加强党支部建设，规范高效开展党支部组织生活

认真贯彻执行学校和院党委的指示精神，积极开展支部工作，充分发挥每一个党员的积极性主动性创造性，凝心聚力，为新学院发展奉献力量。在支部组织生活中，增强党组织生活的政治性、时代性、原则性、战斗性，认真落实党支部"三会一课"制度，积极开展党支部组织生活会、主题党日、民主评议党员、谈心谈话、书记讲党课等党支部组织生活活动。突出政治学习，强化理想信念教育，做中国特色社会主义道路的坚定践行者；突出党性锻炼，加强党风党纪和思想道德教育，强化党员意思，增强党的观念，提高党性修养；突出群众观念，密切联系群众，真心服务师生，爱岗敬业，以德树人。

2018 年，支部开展组织生活会与主题党日活动 10 多次，其中，组织党员到红安进行"忆红色岁月"主题实践活动 1 次。党支部组织生活规范高效、亮点突出。一是党支部活动组织有力、

规范高效。每次支部活动都认真做好活动前的准备、活动中的组织和活动后的总结与宣传报道工作，真正做到了有党员的积极参与、有主题和议程、有详细的计划、有翔实的记录、有积极的讨论、有认真的总结和宣传报道、有活动的创新、有真正的效果，多次作为学校党支部活动样本，接受上级和省里的检查。二是党支部活动效果显著、亮点纷呈。积极认真开展了丰富多彩的党支部组织活动，例如：十九大精神和习近平新时代中国特色社会主义思想专题讲座；院党委书记、纪委书记、支部书记讲党课；师德师风主题宣传；党风廉政与精准扶贫主题党日；建功立业与师生互学共进以及党员民主评议等。有10多篇党支部活动的报道在学校新闻网和学院网站上进行宣传。三是"教工＋学生"师生党支部结对互学共进效果好。教工党支部与本科生和研究生党支部结对，共同开展学习十九大精神和习近平新时代中国特色社会主义思想主题党日等活动，共同学习新时代党的新思想新理论新战略，共同交流学习心得体会，共同探讨"双一流"背景下高校教书育人新举措。教工与学生结对共赴学院扶贫点赤壁市太平口村，开展测土配方、污水检测、环境治理等工作，为扶贫攻坚做出环境生态学院的贡献。通过结对共建活动，增加了师生的感情，强化了师生的共同理想基础，达到了教学相长、互学共进的效果。通过加强党支部的建设，发挥党支部的战斗堡垒作用，努力把党支部打造为政治功能强化、组织坚强有力、服务功能拓展、党员作用突出、工作事业强劲的优秀基层党支部。

三、充分发挥党员先锋模范作用，发挥党支部在高校基层治理中的政治引领作用

紧密结合学校中心工作，加强对党员的教育管理监督，组织党员立足岗位履职尽责，充分发挥党支部的战斗堡垒作用和党员的先锋模范作用。一是加强对党员理想信念、思想道德、行为方式的教育管理，增强党员对人民的感情、对社会的责任、对国家的忠诚，使每一个党员成为党性强、业务精、肯奉献、有作为的先进分子。二是密切联系群众，团结带领群众，充分发挥每一个党员的自身优势以及积极性主动性和创造性，在高校人才培养、科学研究、社会服务、文化传承中，发挥主力军和先锋模范作用，为学校"双一流"建设和"内涵发展"做出贡献。三是关爱学生、服务学生，教书育人，以德树人，以身作则，站好三尺讲台，坚持"教书和育人、言传与身教、潜心问道与关注社会、学术自由与学术规范""四个相统一"，做学生"锤炼品格、学习知识、创新思维、奉献祖国"的"四个引路人"，做"有理想信念、有道德情操、有扎实学识、有仁爱之心"的"四有好老师"，为培养中国特色社会主义建设者和接班人不懈奋斗。

支部工作成效显著，党员带头，促进了学院教学、科研和人才培养的发展，为新学院发展，凝心聚力、展现新气象起到了重要的政治引领作用。例如：在科研方面，本支部党员发表SCI论文50余篇、专利10余项，有2篇论文入选ESI热点论文；获批科技部重大科研项目和国家基金项目2项；湖北裕国菇业与学校签约科研项目和捐赠达80万元等。在教学方面，支部党员指导学生参加全国生命科学竞赛和湖北省大学生生物实验技能竞赛，获奖实现历史性突破，获全国生物竞赛1个三等奖、省生物竞赛2个一等奖、2个二等奖、3个三等奖以及省酒类设计大赛10个奖项；支部年轻教师荣获学校青年教师讲课比赛三等奖；韩新才教授发表教学论文荣获全国高校生物学教学研究优秀论文奖、教学成果荣获学校教学成果奖一等奖、教学质量优秀奖二等奖；3名党员教师教学质量好，学生评教优秀，获学校"三优两免"教师等。在人才培养方面，学校生物大类招生第一志愿率由43％提高到59％，全院学生考研出国率32％，就业率位97.8％，居学校前列。

四、加强党风廉政建设和师德师风教育，争做"四有好老师"

一是支部组织开展"学校第 19 个党风廉政建设宣传月"专题组织生活会，学习习近平总书记视察湖北讲话精神，学习党章、宪法、监察法，大家畅谈学习体会，提高党风廉政建设思想认识，筑牢反腐倡廉底线。二是支部邀请学院纪委书记为党员集中讲党课，解读新修订的纪律处分条例，确保党员先进性和政治本色。三是邀请学院党委书记为支部讲党课，学习贯彻全国教育大会精神，加强师德师风教育，坚定理想信念，把立德树人作为根本任务，立足岗位做奉献。四是党支部集中组织党员学习"黄大年、钟扬、黄旭华、朱英国、施一公"5 位科技教育界模范人物的先进事迹，以先进模范人物为榜样，对标看齐，在学生的学习、生活、考研、就业、勤工俭学等方面关爱学生，提供力所能及的帮助，以德树人，争做"四有好老师"，例如，支部书记韩新才教授关心资助困难学生、暑假联系并送 10 多名学生到光谷生物城勤工俭学、推荐学生到光谷生物城等高新技术企业就业等。通过学习，老师们心灵得到净化，认识得到提高，撰写了 32 篇学习心得体会，支部有 10 位教师荣获学校"湖北裕国菇业奖教金"，2 名教师荣获武汉工程大学"百佳导师"。

五、致力教学改革，努力提高教学质量和人才培养质量

高校党支部突出政治功能发挥战斗堡垒作用的核心，是学懂弄通做实，落脚点是把党的政治建设落实到高校教育教学各个环节，提高人才培养质量。新时代的高等教育，注重"一流本科、一流专业、一流人才"，是高校回归教育教学初心的必然要求，打造"金课"，消灭"水课"，开展"课堂革命"，是新时代高等教育内涵发展和高等教育现代化的迫切需求。在课堂教学中，本支部韩新才教授等教师积极开展教学改革，探索实施"一教二主三化（关爱学生、因材施教；自主学习、自主考试；沉闷化为轻松、抽象化为具体、复杂化为简洁）"课堂教学改革，教学课堂充满活力和正能量，教改大幅度提高了教学质量和人才培养质量，教学成果荣获学校教学成果奖一等奖。

以我校生物技术专业为例说明教学改革成效。2016—2018 年我校生物技术专业，有章鹏、黄倩等 5 人，获得国家奖学金；温森森、叶思钰等 13 人，获得国家励志奖学金；郑小梅、刘金玲等 16 人，获得湖北省大学生生物实验技能竞赛一等奖 2 个、二等奖 4 个、三等奖 7 个；有 2 个学生团队，分别荣获全国大学生生命科学竞赛二等奖和三等奖。近几年，生物技术专业考研率为 35％左右，就业率达 100％，专业人才培养质量得到了显著提高。

参考文献

[1]　韩新才. 高校教研室工作存在问题的分析探讨 [J]. 教育教学论坛, 2016, (12): 21-22.

[2]　韩新才. 高校教研室工作职能的分析探讨 [J]. 课程教育研究, 2016, (9月上旬刊): 177-178.

[3]　韩新才. 高校基层教研组织建设的实践 [J]. 课程教育研究, 2016, (10月上旬刊): 20-21.

[4]　韩新才, 刘汉红, 陈朝娟, 等. 高校基层教工党支部突出政治功能发挥战斗堡垒作用的实践 [J]. 课程教育研究, 2019, (51): 57-58.

[5]　李玉平, 李琰, 庄世宏, 等. 高校教研室建设与发展思考 [J]. 高等农业教育, 2012, (3): 56-59.

[6]　张锁龙, 裴峻峰, 卓震. 积极发挥教研室在教学科研管理中的作用 [J]. 化工高等教育, 2006, (2): 69-71.

[7]　徐芸, 王婷婷, 户佳. 地方院校教研室建设的困境与对策研究 [J]. 山西建筑, 2015, 41 (19): 230-232.

[8]　王怀勇. 高校教学基层组织建设的改革与实践 [J]. 高教探索, 2015, (2): 75-79.

[9]　杨亮, 雷世鑫. 教研室工作是高校内涵建设的基础 [J]. 甘肃科技纵横, 2015, 44 (3): 87-88.

[10]　白彦满都拉, 张立军, 任宏宝, 等. 当前高校教研室发展现状调查研究 [J]. 民族高等教育研究, 2014, 2 (3): 22-28.

[11]　杨道武. 加强高校教研室建设的思考 [J]. 大学 (学术版), 2011, (5): 37-41.

[12]　刘爱英. 高校基础教研室建设思考 [J]. 中国高教科技, 2011, (8): 44-45.

[13]　孙慧敏. 教研室职能研究 [J]. 今日中国论坛, 2012, (3 上): 203-205.

[14]　石共文. 新形势下高校教师党支部政治功能的强化路径探微 [J]. 创新与创业教育, 2018, 9 (5): 132-135.

[15]　唐庆峰, 党向利, 李茂业, 等. 发挥专业优势 筑牢战斗堡垒——高校教工基层党支部建设创新的实践与思考 [J]. 学理论, 2017, (11): 144-145.

[16]　时君伟. 加强高校教工党支部建设的探索与实践 [J]. 河北农业大学学报 (农林教育版), 2017, 19 (4): 113-117.

[17]　景一宏, 葛维建, 徐雪峰, 等. 高校基层党组织政治功能提升探赜 [J]. 学校党建与思想教育, 2018, (9): 25-26.

[18]　李广松, 李华, 谢芝馨, 等. 新形势下高校教工党支部建设的探索与实践 [J]. 高等教育, 2017, (2): 52-544.

[19]　毛文璐. 基层党组织建设必须突出政治功能 [J]. 党政论坛, 2018, (10): 14-18.

[20]　王海荣, 闫辰. 突出政治功能: 新时代基层党组织建设的内在要求 [J]. 理论导刊, 2018, (8): 46-52.

注: 本章是如下基金项目的研究成果: 武汉工程大学校级课程综合改革项目: "细胞工程与植物生物学" (项目编号: 8 和 40); 武汉工程大学校级课程思政示范课程教学研究项目: "生命科学导论" (项目编号: 44); 武汉工程大学首批校级 "双带头人" 教师党支部书记工作室建设项目: "环境生态与生物工程学院教工第一党支部韩新才工作室" (项目编号: 3)。

第六章

生物技术专业建设研究与实践

| 第一节 |

构建化工特色生物技术人才培养方案的探讨

> 根据生物技术专业特点，结合武汉工程大学化工与制药学院具体情况，提出了依托化工学科优势，构建特色鲜明生物技术专业人才培养方案的指导思想、培养目标、课程体系及实践教学的具体思路和措施，为工科院校生物技术专业建设提供参考。

生物技术是在现代分子生物学等生命科学的基础上，结合了化学、化学工程、数学、微电子技术、计算机科学等基础学科而形成的一门多学科交叉融合的综合性学科。自 20 世纪 90 年代以来，随着人类基因组计划的实施，生物技术的发展呈现了前所未有的巨大活力，生物技术产业的崛起，展现出了十分诱人的前景，生物技术被誉为 20 世纪人类科技史上最令人瞩目的高新技术，它为人类解决疾病防治、人口膨胀、食物短缺、能源匮乏、环境污染等一系列问题带来了希望。国际上公认，信息技术和生物技术是 21 世纪关系到国家命运的关键技术和作为创新产业的经济发展增长点。因此，世界各国都将生物技术作为优先发展战略，进行着激烈的科技与市场竞争。

武汉工程大学生物技术专业是依托生物化工、制药工程、应用化学、化学工程等 4 个省级重点学科建立的、具有生物化工和生物制药等学科优势的生命科学类专业。我们按照为社会培养厚基础、强能力、宽适应的合适的应用型生物技术专业人才的指导思想，在专业建设中，依托我校化工优势学科，构建具有特色生物技术人才培养方案和模式。

一、构建具有特色的生物技术人才培养方案的指导思想

(一) 体现国家教育方针,实现学校培养目标

培养目标是各个高等院校确定的对所培养人才的特殊要求，培养目标要全面贯彻党的教育方针，转变教育思想观念，体现新时期对人才的新要求，实现学校培养目标。我校生物技术专业的培养目标是：培养具有较系统的生物技术基本理论、基本知识和基本技能，能在科研机构、高等学校及企事业单位从事生物化工及生物制药科研、教学、技术开发及管理工作的生物技术应用型高级专门人才。

(二) 遵循人才培养和学科发展规律,体现学校办学特色

人才培养方案是高等学校为达到人才培养目标所制定的总体设计，制订人才培养方案要有利

于我校"中期分流"制度的执行，并在保证大多数学生合格的基础上，给学有余力的学生开辟向高层次、多方面发展的空间，并提供提前毕业的可能。"中期分流"是我校教学改革的重要举措，即在大学第四学期，根据学生学业成绩，进行分流，学生分流为特色班、普通班和试验班，优秀学生进入特色班、成绩差学生进入 5 年制试验班。中期分流有利于因材施教，有利于教学质量和人才培养水平的提高。在办学特色上，生物技术专业要能体现生命科学与技术的学科发展方向与前沿，具有生物化工与生物制药的鲜明特色。

(三)拓宽专业口径,加强基础教育

根据学校对本科生的人才培养要求，拓宽以前的技术基础课内涵，以宽口径的学科基础课取代技术基础课，使生物技术人才具有鲜明的化工特色。

此外，要构建优化学生知识结构、能力结构和素质结构的教学内容与方法的改革体系。要加强和改革实践教学，进一步培养学生的创新意识和动手能力。

二、化工学科优势对创办具有化工特色生物技术专业的优势支撑

化工院校创办生物技术专业有两条办学途径，一是照搬国内现成的专业教学体系，二是利用化工院校自身的学科优势，因地制宜，形成自身特色的教学体系。前者具有启动慢、师资缺乏、实验设备投入大、培养人才特色不鲜明等缺点，而后者在节约办学经费，利用现有设备和师资及培养自身特色的人才上具有无法比拟的优势。

武汉工程大学生物技术专业依托的化工与制药学院是武汉工程大学的品牌院系，具有化工院校特有的学科优势资源，卓有成效地发挥优势资源对生物技术专业的支撑作用，可达到本科人才培养方案的先进性和科学性。

1. 具有高质量的师资队伍。化工与制药学院有教师 123 人，其中教授 34 人，占 27.6%，副教授 46 人，占 37.4%，博士学位 20 人，占 16.3%。教师中楚天学者 1 人，特聘教师 3 人，师资力量雄厚。

2. 具有先进水平的学科群。学科是一所学校的核心，化工与制药学院具有生物化工、制药工程、应用化学和化学工程四个省级重点学科，已申报化学工程一级学科博士点授予权。

3. 具有优良的科研教学设备。化工与制药学院具有 1 个省级重点实验室，2 个中心。即 1 个湖北省新型反应器与绿色化学工艺重点实验室，2004 年完成日元贷款资助 300 万人民币；1 个制药工程中心；1 个湖北省级基础化学实验示范中心，示范中心已投资 1000 万元，进行设备改造和更新。先进的教学科研设备，为我校生物技术专业的建设和发展以及科研和教学提供了重要的物质支撑。

4. 具有先进的办学理念和培育人才脱颖而出的软环境。武汉工程大学是一所地方性大学，其化工与制药学院作为其品牌院系，具有优良的办学理念，形成了较好的学风，积累了丰富的办学经验，为高素质的生物技术人才培养提供了较好的育人环境。

三、建立具有化工特色的生物技术人才培养方案和课程体系

人才培养方案是实施人才培养工作的根本性指导文件，是开展各项教学活动的基础，是组织实施教育教学过程的依据，反映了学校人才培养思想和教育理念，对人才培养质量具有重要的导

向作用。构建人才培养方案应紧密结合本校学科优势，确定人才培养目标，制定专业培养计划，建设课程体系，整合教学内容，改革教学方法。课程是体现教育教学理念的重要载体，是创新人才培养的重要途径。学生综合能力的提高源于宽广、坚实的基础理论知识，不仅要掌握本学科基础理论、基本知识，还应通晓其他学科的基本知识，形成综合性的知识结构体系。课程体系是实现专业培养目标，构建学生知识结构的中心环节，建立适应社会主义市场经济发展需要、体现生物技术学科内在规律、科学合理的课程体系极为重要。

根据教育部有关生物技术专业教学计划和人才培养方案的要求，结合我校化工与制药学院的实际情况，我们在制订生物技术人才培养方案时，采取了如下做法。

1. 结合生物技术专业特点和化工学科优势，建立科学合理的课程体系

我校生物技术人才培养方案将课程分为六大模块，即公共基础课、学科基础课、专业主干课、专业方向选修课、实践性教学和全校任选课。课程共 170 个学分，2628 个学时，其中公共基础课共 66 个学分，占 38.8%，学科基础课共 46 个学分，占 27.1%，专业课共 17 个学分，占 10%，专业方向选修课共 8 学分，占 4.7%，全校任选课共 10 学分，占 5.9%，实践性教学共 23 个学分，占 13.5%。以公共基础课、学科基础课和专业课程三个主要层次构建生物技术专业课程体系。

2. 重视人文、法律基础和外语、计算机综合素质培养，适应现代社会对人才素质的要求

公共基础课主要包括数学、物理、外语、计算机、大学语文等，重视人文、法律基础和外语、计算机综合素质的培养，以适应现代社会对人才素质的要求。计算机、外语教学培养贯穿于人才培养全过程。如专业课程分子生物学和基因工程采用双语教学，以及毕业论文（设计）要求有 3000 字的外文翻译量等，强化外语能力培养；计算机除正常开设课程外，加开"计算机网络和多媒体技术"，以及在毕业论文中要求全部使用计算机完成等，大力提高学生的计算机水平。

3. 以省级基础化学示范中心为平台，实现化工和生物基础学科的有机结合

学科基础课包括 4 大化学板块和生物基础板块。4 大化学依靠我校省级基础化学示范中心这一发展平台，强化学生的化工学科基础，形成化工特色；生物学科基础课包括植物生物学、动物生物学、微生物生物学和细胞生物学等，形成生物技术基础学科群。

4. 以生物化工和制药工程 2 个省级优势学科为依托，形成生物技术专业的生物化工和生物制药 2 个专业方向

专业课程包括专业主干课和专业方向选修课，专业主干课包括遗传学、分子生物学、基因工程、细胞工程、微生物工程和酶工程，专业方向选修课分为生物化工和生物制药 2 个方向。生物化工方向选修课包括化工原理、生物化工、生物分离工程及生物工艺学等；生物制药方向选修课有药理学、生物技术制药、生物制药工艺学等。2 个专业方向反映了因材施教的教学理念，结合我校学科特点，形成了我校生物技术人才培养特色。专业方向选修课中还有一些生物技术前沿任选课供学生选择，包括生物科学前沿、分子细胞生物学、蛋白质化学、生物信息学等，以此让学生能把握生命科学发展前沿，提高学生的科技创新意识和能力。

四、加强实践教学，构建科学的实践教学体系

现代素质教育就是要通过各种教育实践活动，最大限度地挖掘和培养人的固有素质和潜能，

要求高等教育应注重对学生动手能力、实践能力和创新能力的培养。而生物技术是由多学科交叉形成的理论与实践并重的新兴学科，实践教学是十分重要的教学环节。实践教学具有理论教学不可替代的作用，通过实践教学，可使学生加深对理论知识的理解，实现对理论知识的再认识。实践不仅能出真知，而且是创新的源泉，实践教学是培养学生创新意识的重要途径，而扎实的基础和创新能力是人才培养的核心。

生物技术是一门实践性很强的实验性学科，实践教学体系包括实验课教学、课程设计、认识实习、毕业实习和毕业论文（设计）等实践教学内容，这些对于学生创新意识和实践能力培养具有特别重要的意义。

1. 加强实验课教学改革，强化学生化工和生物学科实验动手能力

我校生物技术实验课立足两个基点，即强化化工和生物2个学科学生综合动手能力培养。在化工方面，以省级基础化学示范中心为平台，强化4大化学实验课程建设，同时，开设化工原理课程设计，加强对学生工程实践能力的训练，使学生具有明显的化工知识优势；在生物科学方面，开设了生物化学、微生物学、细胞生物学、遗传学和分子生物学等实验，使学生掌握生物技术基础实验技能，开拓创新能力。实验课程中，减少验证性实验，增强综合性、探究性和开放性实验，逐步加强研究性实验，建立多层次实验教学体系。

2. 建立校外实习基地，确保培养目标实现

校外实习基地是培养学生动手能力以及培养应用型人才必不可少的场所，建立一批稳定的实践实习基地，可以促进学校与企事业单位优势互补，加强学校与企事业单位的联系与合作，为学生实习创造良好条件，极大地锻炼和培养学生的实践能力。我校非常重视校外实习基地建设，分别与国内多家生物工程企业建立联系，确保教学实习目标的完成。我校教学实习分为认识实习（1周）和毕业实习（4周），在高新生物技术企业进行，使学生接触了工人、科技人员和企业实际，了解了国情，增强了社会责任感，拓宽了知识面和专业领域。

3. 坚持"宜化模式"，打造高水平的毕业论文

毕业生除了大部分在校内完成毕业论文外，还有一部分毕业生进入企业完成毕业论文。"宜化模式"是我校与宜昌化工集团联合培养毕业生进行毕业论文（设计）的一种模式。毕业生到宜化集团结合企业实际选题研究，完成毕业论文，学校和企业均有指导教师，确保论文（设计）质量，这样的毕业论文质量高，联系实际好，被湖北省教育厅表彰推广。毕业生到企业或校外完成毕业论文，我校称为"宜化模式"。进入企业完成的毕业论文不仅论文题目与企业科研紧密结合，科研成果对企业发展有利，而且学生通过科研，熟悉且会使用常用科研设备，掌握生产工艺流程，大大提高学生实践动手能力、分析和解决问题的能力以及科学研究能力。2004年毕业生在武汉科诺生物农药有限公司完成的毕业论文被评为湖北省首届大学生优秀毕业论文二等奖。

第二节

化工特色生物技术新专业建设实践

根据教育部对生物技术专业的建设要求，结合工科化工院校学科优势，进行了化工特色生物技术新专业建设实践，对专业建设中的人才培养模式、师资队伍建设、实验室建设、校外实习基地建设、教学方法改革以及育人机制进行了探讨，分析了专业建设效果。

生物技术是以生命科学为基础，利用生物体系和工程学原理生产生物制品和创造新物种的一门综合高新技术。工科化工院校如何彰显化工特色，建设具有化工特色的生物技术专业意义重大。

武汉工程大学生物技术新专业是在化学工程、制药工程、应用化学和生物化工等 4 个省级重点学科基础上组建的，学校就依托化工学科优势，建设具有化工特色的生物技术新专业进行了探索与实践，开展了人才培养模式研究、师资队伍建设、教学内容与方法改革、实验室建设和实习基地建设等新专业建设工作。经过多年的建设，目前基本形成了我校化工特色的生物技术人才培养模式、课程体系、实践环节教学体系、教学内容与教学方法改革体系以及育人体系。

一、广泛进行专业建设调研，精心做好专业建设规划

工科化工院校，建设生物技术新专业，涉足生物领域，是一项全新的工作，必须借鉴国内兄弟院校的经验，为此，我们采取查资料、利用互联网、到高校实地调研等方法，进行广泛调研和学习。由于生物技术专业是在现代生命科学基础上，结合了化学、化学工程、数学、微电子、计算机科学等学科而形成的一门多学科交叉融合的综合性学科，涉及领域非常广泛，任何一所高校都不可能培养面面俱到、行行精通的生物技术人才，因此，高校必须依托自身学科优势，办出自己的特色。我校生物技术专业建设必须依托化工学科优势，形成化工特色。在广泛调研的基础上，精心做好专业建设规划，对构建化工特色人才培养方案和人才培养模式、课程体系以及实验室建设、校外实习基地建设等，进行详细规则，为专业建设提供指导。

二、依托化工学科优势，构建具有化工特色的生物技术人才培养模式

根据化工学科优势，结合生物技术学科特点，构建了化工特色生物技术人才培养模式，其化工特色生物技术人才培养模式包括如下内容：

① 具有生物化工和生物制药的化工特色人才培养方案；

② 凸显化学和化工基础的化工与生物融合的课程体系；

③ 强化生物与化工双基础实验教学和以双赢校外实习基地为平台创新实习教学的实践环节教学体系；

④ 参与式与探究式的教学内容与教学方法改革体系；

⑤ 以高校政治文明建设促进优良学风和优良育人环境形成的育人体系。

三、加强师资队伍建设，打造一支结构合理的高素质的师资队伍

师资队伍对专业建设质量和人才培养质量至关重要，在师资队伍建设上，采取选送青年教师到重点大学培训、资助教师攻读博士学位、人才引进等方式，提高师资队伍质量，形成一支素质较高、结构较合理的具化工特色的师资队伍。

目前，生物技术专业有教师 13 人，其中教授 2 人，副教授 3 人，博士 4 人，博士在读 2 人；50 岁以上 1 人，40～50 岁 4 人，40 岁以下 8 人。专业教师均为硕士及以上人员，教师队伍中有生物化工和生物制药背景的教师有 6 人，占 46.2%，具有鲜明化工师资特色。

四、全力开展实验室建设，建设条件和环境优良的实验室

生物技术专业是由多学科交叉形成的理论与实践并重的新兴学科，实验教学是十分重要的教学环节，实验室建设至关重要。建设的实验室主要为生物技术专业实验室，实验室建设涉及实验室建设规划、实验室装修、设备采购与调试、实验大纲撰写、实验内容选定和实验课程的开出等环节。生物技术专业实验包括微生物学实验、生物化学实验、细胞生物学实验、遗传学实验和分子生物学实验。在学校已建成"微生物学实验室"和"生物化学实验室"的基础上，投资 100 多万元新建了"细胞生物学与遗传学实验室"和"分子生物学实验室" 2 个实验室。撰写了生物技术实验室建设规划和实验教学大纲，目前，上述专业实验均已正常运转。

五、广泛联系企事业单位，构建双赢的校外实习基地

生物技术专业是一门实践性很强的实验性学科，校外实习教学对培养学生的创新意识和实践能力具有特别重要的意义。高校扩招后，高校校外实习教学存在着实习基地难建、实习教学质量差等具体困难。其根本原因，是高校没有与校外企事业单位形成互利双赢的局面，校外实习教学对企业利益不大，企业对高校建设实习基地和支持校外实习教学缺乏内在动力。高校与校外企事业单位建立双赢的实习基地，企业积极性高，积极支持和参与高校校外实习教学，可较好地解决实习难和实习质量不高的矛盾。

对建设双赢的生物化工校外实习基地进行了探讨与实践，工作主要包括：深入细致做好校外实习基地前期选择工作；强化实习管理，外树学校形象；精心组织实习基地挂牌活动，引起较好社会反响；在成立企业科技开发中心、为企业举办各种人才培训、进行合作科学研究、为企业输送急需人才等方面，与校外企事业单位形成互利双赢的合作机制等。

目前，生物技术专业建设并挂牌了 4 个生物化工校外实习基地，这些基地为我校生物技术专业学生进行校外认识实习、生产实习、毕业实习以及毕业论文（设计）提供了有力保证。

六、积极开展教学内容与教学方法改革，提高教学质量

为了提高教学质量，真正使学生成为教学主体，培养学生自学能力、终身学习能力以及创新能力，进行了参与式、探究式教学改革，让学生参与课堂教学，采取课堂讨论、撰写小论文、学生上讲台演讲等方式引导学生参与互动。在教学过程中，利用教学课堂，力争教书育人；更新教案内容，介绍学科发展前沿；将学科有争议的问题和领域介绍给学生，让学生自己进行探究、研讨。教学改革分别在植物生物学、动物生物学、微生物学、基因工程等多门课程中开展，效果良好，活跃了课堂气氛，激发了学生学习热情，形成了教学的良性互动，大幅提高了课堂教学质量，教学效果受到学生好评。

七、深入进行优良学风与优良育人环境的育人机制研究，培养社会需要的合格的高素质人才

生物技术专业所属的化工与制药学院是武汉工程大学品牌院系，具有优良的办学理念，形成了较好的学风，积累了丰富的办学经验，为生物技术专业人才培养提供了较好的育人环境。

在优良育人机制研究上，着重以建设高校政治文明促进优良学风和优良育人环境的形成，把大学生培养成中国特色社会主义事业的建设者和接班人。

主要育人体系包括如下。

① 加强政工队伍建设。大力加强政治思想队伍建设，为大学生思想政治教育的开展提供坚强的组织保证。

② 营造良好育人环境。努力营造加强和改进大学生思想政治教育的良好社会环境和学校环境。

③ 加强组织领导。加强组织领导，健全大学生思想政治教育的保障机制。

④ 发挥课堂育人主导作用。创造性抓好思想政治理论课、哲学与社会科学课和其他各门课程建设，充分发挥课堂教学在教书育人中的主导作用。

⑤ 建立实践育人机制。建立大学生社会实践保障体系，探索实践育人的长效机制。

八、专业建设效果

生物技术新专业建设从 2003 级生物技术专业开始实施，我校 2003 级生物技术专业有 2 个班，共 61 人。以 2003 级生物技术专业人才培养质量与效果进行专业建设效果分析与讨论。

1. 学生政治思想表现良好，学风端正，形成积极向上的育人氛围

2003 级生物技术专业 61 人中要求入党人数为 61 人，占 100％，入党人数共 28 人，占 45.9％。获三好学生、优秀团干、优秀学生干部等称号的 37 人次，占 60.7％，获各种奖学金的有 23 人次，占 37.7％。有 1 人次荣获"武汉工程大学杰出青年"称号，有 1 人次荣获"武汉工程大学优秀共产党员"称号。

2. 学生学习刻苦，学习成绩优良

2003 级生物技术学生专业课成绩优良，截至 2006 年 9 月，学生已学的专业课有 11 门，即植物生物学、动物生物学、生物化学、生化实验、微生物学、微生物学实验、细胞生物学、细胞生物学实验、基因工程、遗传学、遗传学实验。成绩优良率（80 分及以上）占 61.70％，不及格率

（60 分以下）仅为 1.64％。

3. 英语四六级通过率较高，英语素质较好

2003 级生物技术学生英语四六级通过率高，四级通过人数为 45 人，通过率 73.77％，六级通过 17 人，占 27.87％。2005 年有 2 名同学获全国大学生英语竞赛 A 级二等奖，1 名同学获三等奖。有 4 名同学在学校各类英语竞赛、英语表演等活动中获奖。

4. 学生综合素质有较大提高

2003 级生物技术专业有 1 名同学 2005 年荣获第十三届奥林匹克全国作文大赛（主赛区）一等奖，2 人次荣获"湖北省大学生田径运动会优秀运动员"称号，2 人次在湖北省大学生运动会标枪比赛中获得优异成绩，1 名同学 2006 年荣获武汉工程大学化学实验技能竞赛三等奖。8 人次在学校举办的各类素质教育和社会实践中获奖。

5. 专业建设学生满意度高

对 2003 级生物技术专业学生进行满意度调查，结果表明，满意的学生有 25 人，占 40.98％，基本满意的学生有 36 人，占 59.02％，满意率为 100％，调查表明学生对我校生物技术专业建设与人才培养模式是满意的，具有较好的认同感。

| 第三节 |

高校生物技术专业建设"十三五"规划探讨与实例

根据教育部对生物技术专业建设的要求和我校专业发展现状，按照"优化专业结构、深化教学改革、提高教育质量、强化人才特色"的专业建设要求，进行了生物技术专业建设"十三五"规划的制定与探讨，为我国高等学校的生物技术、生物工程、生物化工、生物制药等专业教育教学改革以及专业建设规划制定提供参考。

高等学校专业建设是高校内涵建设和科学发展的核心内容之一，在高校教育教学改革与科学发展中具有重要的地位和作用。专业建设规划，是专业建设和人才培养的发展蓝图，制定和实施专业建设规划，是高等教育专业建设和人才培养中的一个重要环节，对专业建设和人才培养质量具有重要的意义。根据教育部对生物技术专业建设的要求和我校专业发展现状，按照"优化专业结构、深化教学改革、提高教育质量、强化人才特色"的专业建设要求，结合学校"创新型、复合型，工程化、国际化"的"两型两化"人才培养要求和专业发展条件，我校制定了生物技术专业建设"十三五"规划，对专业建设现状、专业建设存在的主要问题、专业"十三五"发展目标、专业"十三五"发展主要措施、专业"十三五"发展保障政策等，进行了探讨，以期为我国高等学校的生物技术、生物工程、生物化工、生物制药等专业教育教学改革和专业建设与发展提供参考。

一、专业建设现状

武汉工程大学生物技术本科专业 2003 年起开始招生，2007 年开始有毕业生。专业依托学校化工与制药学科优势，目前，已经初步形成了生物化工与生物制药特色的课程体系与人才培养模式。

1. 师资队伍建设

我校生物技术专业现有专任教师 7 人，其中教授 1 人、副教授 3 人，具有博士学位 4 人，硕士研究生导师 4 人。2011—2015 年，本专业教师，在科研工作上，主持横向科研项目 2 项，纵向科研项目 9 项，其中，国家级 2 项，省部级 4 项，地厅级 3 项；参编学术著作 1 部；获得湖北省科技进步二等奖 3 项；发表科研论文 34 篇，SCI 收录 13 篇；获授权发明专利 3 项。在教学工作上，主持省级教学研究项目 1 项，校级教学研究项目 1 项；发表教学研究论文 11 篇；获得中国石油与化工联合会教学研究成果奖三等奖 2 项，校级教学成果奖三等奖 1 项；获得校教学优秀奖二等奖和三等奖各 1 项；获全国高校生物学教学研究优秀论文奖 1 项。

2. 专业基础条件及利用

本专业已经制定了较为完备的人才培养方案，形成了具有化工与制药特色的课程体系，《细胞工程》获批为校级考试改革示范课程。经过多轮人才培养方案修订，优化了实验教学课程，强化了实践教学环节。建设有微生物学实验室、生物化学实验室、细胞生物学实验室、遗传学实验室、分子生物学实验室等多个专业实验室，以及武汉科诺生物科技有限公司、武汉市农科院唯尔福生物科技有限公司、武汉如意集团等多个校外实习基地。

3. 人才培养模式改革

按照学校"两型两化"人才培养改革思路，本专业组织实施了多元化的人才培养综合改革，初步形成了生物化工与生物制药特色的专业办学模式，在课程设置上，除了生命科学课程外，还开设了化工原理、药理学、药物设计、生物技术制药等特色课程，培养学生既能把握生命科学发展方向与前沿，又具有生物化工与生物制药专业特色。人才培养模式改革成果获得了多项省部级和校级奖励。

4. 人才培养质量

通过稳妥地实施既定的人才培养方案，稳步地推进人才培养模式改革和教学改革，实现了规模和质量的同步提升，保证了人才培养效果。在近五年中，生物技术专业学生获湖北省生物实验竞赛等省级奖项 5 项，校级挑战杯奖项 2 项，应届毕业生获得省级优秀毕业论文共 9 篇，考研录取率为 25％以上，毕业生每年就业率均在 90％以上。

二、专业建设存在的主要问题

1. 师资队伍建设亟待加强

生物技术专业教师在数量、结构、素质等方面不能完全适应现有教学与科研的要求，不能满足教学与科研团队的建设。专任教师普遍缺乏双语教学和实践教学的能力，科学研究能力发展乏力；年龄、性别和学历结构不利于教学与科研团队的组建。

2. 专业基础条件需进一步改善

本专业教学投入少，除了 2002 年投入 60 万元进行专业实验室建设以外，专业建设投入较少。植物学与动物学实验室等专业必须开设的实验，学校还没有建设相应的实验室，校内实验室面积和校外实践基地还远不能满足实验教学和实践教学的要求，资源共享课程和视频公开课急需建设，特色鲜明的教材和案例较为缺乏。教学过程的规范化管理和质量评价标准亟需建设。

3. 人才培养质量需进一步提高

学生参加本专业大学生竞赛的积极性还不够，科学研究兴趣和能力也不高，动手实践能力还待完善。人才培养质量有待改善。专业毕业生就业签约率和高端就业率还不高。

三、专业"十三五"发展目标

1. 专业建设

按照"优化专业结构、深化教学改革、提高教育质量、强化人才特色"的专业建设要求，进一步优化专业的培养方案，向生物制药特色方向发展。申报校级资源共享课程和视频公开课1～2门，实现双语教学的课程1～2门，自编教材1～2本。稳定本科生教育，加快发展研究生教育。

2. 师资队伍建设

专任教师达到10人左右，其中教授3人以上，具有博士学位的教师6人以上，新增校级教学名师1人。在教师数量增加的同时，提升专任教师素质，科研与教研能力显著提高，50%的专任教师具备双语教学的能力。外聘5名左右双师型教学专家，提高专业实践教学能力与质量。

3. 人才培养质量

新增校级以上"质量工程"项目1～2项。省级优秀学士学位论文10篇左右。保持本科毕业生一次性就业率稳定在90%以上，着力提高本科毕业生高端就业率，考研录取率保持25%以上。

4. 教师科学与教学研究

获省部级科技成果奖1～2项，省部级教学成果奖1项，校级教学成果奖1项。主持纵向科研项目10项，其中国家级2～3项，省部级3～5项，发表科研论文35篇，其中SCI收录15篇。主持省级以上教学项目1～2项，校级教学项目1～2项。发表教研论文15篇左右。

四、专业"十三五"发展主要措施

（一）专业建设的主要措施

1. 进一步优化专业人才培养方案

根据国家和社会对生物技术专业人才培养的要求，以及国家生物技术产业发展现状与趋势，结合武汉光谷生物城的人才需求，密切关注学生的学习与就业情况，进一步完善和优化人才培养方案，使人才培养方案，更加符合国家生物技术产业和生物制药产业快速发展的节奏，使我校生物技术专业生物制药特色更加鲜明。

2. 规范专业教学管理

加强教学过程管理，制定教学管理制度，使专业教学有章可循，规范有序开展，明确、严格专业的培养质量标准，确保人才培养质量的稳步提高。

3. 改善实验教学条件

按照国家生物技术"专业标准"，新建"植物学与动物学实验室"，确保生物专业学生的生物学理论知识和实践知识的系统性与完整性。加快更新专业实验室的老旧、破损的仪器设备，确保专业实验高质量开出。规范专业实验教学内容，对实验内容进行优化更新，确保实验教学的先进性，切实提高实验教学质量。

4. 加快课程建设力度

选择《分子生物学》《细胞生物学》等课程，作为双语教学课程进行建设。选择《细胞工程》《植物生物学》等课程，作为考试改革课程进行建设。进一步完善专业课程之间的衔接，修改完善专业课程教学大纲，剔除课程之间的重复内容，明确各门专业课程必须讲好的内容，达到精简课程内容、提高教学质量的效果。在课程建设取得实效的基础上，积极申报和建设1~2门校级以上视频公开课和资源共享课程。

（二）师资建设的主要措施

1. 补充与强化师资力量

引进具有博士学位并且具有国外留学经历的年轻生物学博士2~4名，改善现有教师队伍的结构层次，聘请3~5名高水平的学者，担任专业客座教师，讲授相关课程，促进教师发展与专业发展。

2. 提高教师队伍的教学能力

通过师资培训与课程改革相结合的方法，分批派遣或采取轮训的方式，安排现有的3~5名教师到国内外著名高校，进行课堂学习、专业培训，更新教师专业知识，把握学科前沿和发展趋势，提高专业课程教学水平。每年安排2~3名教师，参加全国和全省教学研讨会，交流学习教育教学理念和教学经验，提高教学的理论水平和实际能力。

3. 提升专业教师队伍的科研能力

按照教师分类改革的要求，明确教师的分类和考核标准，科学合理组建教师科研团队，分批选派1~3名教师到国内外著名大学做访问学者或深入企业，参与企业实践，提高教师队伍的科研能力。

（三）人才培养的具体措施

1. 严格学生的学习管理

选派专业教师担任专业班主任和学习导师，定期举行交流会，了解学生课堂学习的情况，指导学生进行科学研究与论文的写作，强化学生实习、实验、毕业设计论文等实践能力的培养。

2. 提升学生的综合素质

加大校内外招生宣传力度，选拔更优质的生源进入生物技术专业的学习；建立奖励机制，加强学科竞赛、社会实践、素质拓展等第二课堂活动，培养学生的责任、团队、担当意识等。

3. 切实关爱学生成长

建立专业教师定点联系学生的导师制度，加强学生职业规划指导，尽早引导学生专业发展，对学生学习、生活、考研、就业等求学全过程，进行全方位关爱与帮助，确保本科毕业生一次性就业率稳步提高。

五、专业"十三五"发展的保障政策

学校要加强对生物学科的支持力度,在质量工程、课程建设、专业建设、师资队伍建设、资金投入等方面,要加大政策扶持力度,促进生物技术专业与其他专业协同发展。按照教育部的专业标准,生物技术等专业的投入应该在 200 万元以上,因此,学校要加大投入,支持专业发展。本专业"植物学与动物学实验室"已经纳入学校发展计划,学校应在资金、设备、面积等方面提供保障。

第四节

工科院校生物技术新专业建设规划的探讨

根据教育部对生物技术专业建设要求，结合工科化工院校学科优势，制定了化工特色生物技术新专业建设规划，对专业建设中的专业建设目标、师资队伍建设、实验室建设、校外实习基地建设、课程与教材建设、教学改革、图书资料建设以及科学研究进行了规划和探讨，为工科化工院校生物技术专业建设提供参考。

工科化工院校建设生物技术新专业，涉足生物领域，是一项全新的工作，如何依靠自身学科优势，建设具有工科化工特色的生物技术新专业，意义重大。武汉工程大学是一所工科化工院校，其生物技术专业是在化学工程、制药工程、应用化学和生物化工等4个省级重点学科基础上组建的，为了建设具有化工特色的生物技术新专业，进行详细的专业建设规划，为专业建设提供指导，对保证专业建设质量具有重要作用。

一、专业建设目标、人才培养目标及专业特色

根据生物技术专业本身生命科学特征，结合工科化工院校的学科优势，我校生物技术专业建设目标是：经过四年建设，努力使生物技术专业成为无论在课程设置、实验设备、师资队伍及专业研究方向等各方面，能体现现代生命科学与技术发展方向与前沿，具有生物化工与生物制药鲜明特色的生命科学类专业。专业具有明显的生物化工和生物制药的化工特色。

本专业培养目标是：培养德、智、体、美全面发展，掌握现代生物技术系统理论、专业技能，具备从事生物工程设计、生产、管理和新技术研究、新产品开发能力的应用型高级生物技术人才。学生毕业后特别在生物技术产业化、生物化工、生物制药等方向具备开拓能力。工科化工院校设置生物技术专业，其学制为4年，应授予理学学士学位。

本专业培养要求是：学生经基础与专业理论的学习，接受本专业各实践教学环节的训练后，应获得以下几个方面的知识和能力：（1）具有扎实的基础理论、工程理论，熟练的外语和计算机应用能力；（2）掌握细胞生物学、分子生物学、遗传学、基因工程、细胞工程、发酵工程等专业理论与基本实验技术；（3）具备生物工厂设计、生产、管理和新技术研究、新产品开发的基本能力；（4）熟悉生物技术产业化、生物化工、生物制药等与生物工业有关的方针政策和法规；（5）了解当代生物工业发展动态和应用前景；（6）掌握文献检索、资料查询的基本方法，具有一定的科学研究和实际工作能力。

二、师资队伍建设规划

师资队伍的质量和水平对新专业建设具有重要的作用，高校建设新专业，应抽调与新专业相关专业的教师，组成新专业的基本教师队伍，在此基础上，根据新专业学科发展需要与学校学科优势特色，采取学校培养、外出培训、鼓励攻读博士学位和人才引进等方法进行师资队伍建设。师资队伍建设重要的是要建设一支职称结构、学历结构、年龄结构和学缘结构合理的教师队伍。按照每年招收 2 个班，每班 30 人，4 年在校生 240 人，师生比为（1∶16）～（1∶18）计算，生物技术新专业需要教师 13～15 人，其中专业专任教师必要有 10 人以上。按高级职称教师≥30％计算，新专业必须有 3 人以上高级职称，学缘必须有 3 个以上的不同高等院校。师资队伍建设规划，要根据师资队伍现状与专业建设进度，对师资的培训培养、攻读学位、引进等进行周密的安排，对师资的学历学位、职称、年龄、任课所需专业等做好年度计划。

三、实验室建设规划

生物技术是在现代分子生物学基础上结合化学、化学工程、计算机、微电子技术等尖端科学而形成的一门理论与实验交叉融合的高新技术，实验教学极其重要，实验室是实验教学的重要平台，实验室建设意义重大。目前，生物技术专业实验室建设有如下特点：①生物技术专业生物类实验课程较多，实验内容丰富，一般有 6～10 门实验课，如，基础生物学实验、微生物学实验、生物化学实验、细胞生物学实验、遗传学实验、分子生物学实验等；②实验室设置专业化，如设置显微镜室、无菌工作室、紫外分光光度测定室等；③设备先进，生命科学发展迅速，科研设备日新月异，一些新设备、高精度仪器在实验室大量涌现；④实验室配备专业实验技术人员。

实验室建设规划应包括：建设实验室的名称；实验室承担的实验内容；每个实验内容开出所需的设备及低值易耗品种类、单价、数量；设备及低值易耗品采购计划；实验教材的选定与教学大纲编写；实验室装修与布置；实验室建设时间进程安排等。实验室建设规划应与生物技术新专业建设进程相吻合。

根据生物技术专业特点，生物技术专业开设生物类实验必须开设微生物生物学实验、生物化学实验、细胞生物学实验、遗传学实验和分子生物学实验等 5 门实验课程。要组建 4 个实验室，即微生物学实验室、生物化学实验室、细胞生物学与遗传学实验室、分子生物学实验室。以后随着学科发展，还应组建生物学实验室，负责植物生物学实验和动物生物学实验。规划按开一个标准班 30 人计算，4 个实验室共需投资约 200 万元，用房面积 580m²，其中实验室面积为 $120 \times 4 = 480m^2$，实验准备室、办公室和库房约 100m²。

四、校外实习基地建设规划

校外实习教学对培养学生专业实践能力和动手能力具有不可替代的作用，通过实习教学，可以使学生了解国情，增强群众观念，加深对理论知识的理解，提高学生的知识运用能力，充分挖掘学生的固有潜能。建设一批稳定的校外实习教学基地，为校外实习教学提供较好的教学平台，对专业人才培养目标的实现意义重大。在实习基地建设上，应与校外企事业单位广泛联系，为实习基地提供人才培养、技术服务、产品开发等服务，与实习基地形成双赢的合作机制，这样，实习基地才会积极参与实习教学，大幅提高实习教学质量，高校校外实习基地要签署协议，挂牌运行。建设实习基地要遵循就近、专业对口、互惠互利、基地实习条件能满足实习教学的原则。校外实习基地建设，应根据教学计划中实习教学时间安排，分批建设。我校生物技术专业在校生为8个班，应建校外基地3～4个，分2批建设，第一批基地1～2个，满足认识实习和生产实习要求；第二批基地1～2个，满足毕业实习和毕业论文要求。

五、课程设置与教材建设规划

工科化工院校生物技术专业的课程设置必须结合自身特点，在普通院校生物技术专业课程的基础上，突出生物技术在化工中的应用，必须与化工相结合。其涉及的主干学科为生物学、化学、工程学。我校生物技术专业的课程体系分为6大模块，即公共基础课＋学科基础课＋专业主干课＋专业方向选修课＋实践性教学＋全校任选课。课程体系彰显生物与化工2个学科课程融合特色。

在生命科学课程方面，开设植物生物学、动物生物学、微生物学、细胞生物学、生物化学等，形成生物技术基础学科群，分子生物学、遗传学、基因工程、细胞工程、酶工程和发酵（微生物）工程等专业主干课，以及生物分离工程、生物技术制药、生物制药工艺学等，把握生命科学的发展方向与前沿，强化学生生命科学专业的背景与特色。

在化工学科课程方面，以我校湖北省省级基础化学示范中心为平台，开设无机化学、有机化学、分析化学、物理化学4大化学，以及化工原理、生物化工、药理学、药物设计等，凸显化学和化工基础，形成化工特色和生物化工与生物制药2个专业方向。

课程建设与教材建设规划包括课程教学大纲的编写、优质课程建设规划、教材选定和教材的编写等方面。应有具体的时间安排。编写课程教学大纲要精简教学内容，删除重复内容，注重课程前后衔接，突出生物与化工的有机融合。优质课程建设，将细胞生物学、分子生物学、基因工程等3门课程建设为学校优质课程。选定的教材80%应为21世纪教材、十五教材等优秀教材，并引进一批英文原版教材。根据生物技术专业发展和人才培养需要，编写1～2部适应工科化工院校生物技术专业本科教学的教材。根据实验教学进程，编写1～3部适应工科化工院校生物技术专业实验教学的实验教材或讲义。

六、教学改革

教学改革包括理论教学改革、实验和实习教学改革、双语教学和教学研究等方面。为了提高教学质量，真正使学生成为教学主体，培养学生自学能力、终身学习能力以及创新能力，理论课教学要进行参与式、探究式教学改革，让学生参与课堂教学，采取课堂讨论、撰写小论文、学生上讲台演讲等方式引导学生参与互动。在教学过程中，利用教学课堂，力争教书育人；更新教案内容，介绍学科发展前沿；将学科有争议的问题和领域介绍给学生，让学生自己进行探究、研讨。教学改革应分别在植物生物学、动物生物学、微生物学、基因工程等多门生物课程中开展，活跃课堂气氛，激发学生学习热情，形成教学的良性互动，大幅提高了课堂教学质量。在实验课程教学改革上，在提高基础性实验技能的前提下，要逐步开展综合性、设计性、研究性实验，提高学生的动手能力、创新能力和科学研究能力。在双语教学上，生物技术专业双语教学课程应超过10%，将细胞生物学、分子生物学等课程采用双语教学。在教学研究上，应有一定的校级及校级以上的教研项目，提高专业教学改革水平。

七、图书资料建设和科学研究规划

工科化工院校建设生物技术新专业，涉足生物领域，是一项全新的工作，生物类图书和期刊较少，不能满足学校发展生物类学科的需要，相关图书资料应大力抓紧建设。生物技术专业图书资料建设，应分年度投入落实，生均藏书应超过 100 册。按年均招收 2 个班 60 人，在校生 240人计算，图书资料至少需要 2.4 万册。在科学研究方面，在生命科学、生物化工与生物制药方向形成特色，对科研项目、科研论文、科研成果与专利等进行科学合理规划，为生物技术新专业建设注入活力。

八、教书育人与学生思想政治工作规划

要以学校党政干部、共青团干部、政治辅导员等思想政治工作队伍为主体，以课堂教学为主渠道，以理想信念教育为核心，以爱国主义教育为重点，以思想道德建设为基础，以大学生全面发展为目标，加强和改进大学生思想政治教育工作，营造体现社会主义特点、时代特征和学校特色的校园文化和良好育人环境，加强对大学生的法制教育、诚信教育和心理健康教育，培养大学生自强不息、诚实守信、勇于探索的精神和优良学风，把大学生培养成社会主义的建设者和接班人。

武汉工程大学 2009 年版生物技术专业人才培养方案

070402　生物技术

一、业务培养目标

本专业培养德、智、体、美全面发展，具备生命科学与技术与现代生物技术系统理论和专业技能知识，以及一定的人文社会科学、自然科学、化学工程与技术等方面知识；具有从事生物技术产业及其相关领域设计、生产、管理和新产品开发、新技术研究能力；具有生物化工和生物制药专业特色和专长；能从事生物技术及其相关领域科学研究、技术开发、教学及管理等方面工作的应用型高级生物技术人才。

二、业务培养要求

本专业学生学习生物技术专业系统基础理论与专业技能知识、以及人文社会与自然科学知识、生物化工与生物制药基础知识，重点掌握生物技术专业基础理论与实验技能、现代生物技术与生物化工、生物制药产业融合的专业知识。

毕业生应获得以下几个方面的知识、能力和素质。

1. 知识：具有生物科学与生物技术基础理论、基本知识、基本技能等专业知识；人文社会科学知识，如英语、文学、哲学、心理学等；自然科学知识，如数学、物理、化学、计算机科学等；工程技术知识，如化学工程、制药工程、生物工程原理等。

2. 能力：具有综合利用所掌握的理论知识和技能，从事生物技术产业及其相关领域产品研发、工程实践、技术革新和创新能力；具有较好的自学能力、文献查阅与检索能力；以及熟练外语、计算机与信息技术应用能力等。

3. 素质：具有良好的思想道德素质、较高的文化素质、良好的专业素质和良好的身心素质。

三、主干学科

生物学、化学工程与技术。

四、主要课程

植物生物学、动物生物学、微生物学、生物化学、细胞生物学、遗传学、分子生物学、基因工程、细胞工程、酶工程、微生物工程、化工原理、生物分离工程、药理学、生物技术制药、专业英语等。

五、主要实践教学环节

微生物学实验、生物化学实验、细胞生物学实验、遗传学实验、分子生物学实验，及生产实习、认识实习、毕业实习、课程设计、毕业论文（设计）等。

六、授予学位

理学学士。

七、学制（修业年限）

四年（弹性修业年限：3～6 年）。

八、生物技术专业教学进程表

No：1

课程类别	课程编号	课程名称（中英文）	总学时	课外学时	学分	课外学分	实验	各学期学时分配								备注
								1	2	3	4	5	6	7	8	
通识教育课之公共基础课	11111000	体育 Physical Education	120	24	7			24	36	36	24					
	05110011	大学计算机基础 B Basic Course of Computer B	48	24	3	1.5	20	48								B
	05111020	程序设计基础 C Basic Course of Computer Programming C	64	24	4	1.5	28		64							C
	10110030	大学英语读写 College English	160		10			40	40	40	40					
	10110020	大学英语听说 College English	96		6			24	24	24	24					
	09112001	高等数学 C Advance Math C	160		10			80	80							C
	09112110	线性代数 A Linear Algebra A	40		2.5					40						A
	09112170	概率论与数理统计 B Probability and Mathematics Statistic B	48		3						48					B
	09111010	大学物理 College Physics	112		7				56	56						
	09111110	大学物理实验 Physics Lab	54		3		54		28	26						
	21110100	思想道德修养与法律基础 Morals and Ethics and Fundamentals of Law	40	8	2.5	0.5			40							

续表

课程类别	课程编号	课程名称（中英文）	总学时	课外学时	学分	课外学分	实验	各学期学时分配								备注
								1	2	3	4	5	6	7	8	
通识教育课之公共基础课	21110110	中国近现代史纲要 The Compendium of Chinese modern history	32		2			32								
	21110122	马克思主义基本原理 Marxist Principles	40	8	2.5	0.5				40						
	21110170	毛泽东思想和中国特色社会主义理论体系概论 Mao Zedong Thoughtand Chinese Characteristic Socialism Theory System Introduction	72		4.5							36	36			
	73110000	形势与政策 Situation and Policy	8	24	0.5	1.5		8								
		合 计	1094	112	67.5	5.5	102	248	376	262	172	36				

No：2

课程类别	课程编号	课程名称（中英文）	总学时	课外学时	学分	课外学分	实验	上机	各学期学时分配								备注
									1	2	3	4	5	6	7	8	
学科基础课	06125090	基础化学 Basic Chemistry	64		4				36	28							
	06126011	基础化学实验（一）Basic Chemistry expt.	64		4		64		27	37							
	06125012	有机化学 Organic Chemistry	72		4.5					36	36						
	06126012	基础化学实验（二）Basic Chemistry expt.	56		3.5		56			32	24						
	06125073	物理化学 Physical Chemistry	72		4.5						72						
	06126013	基础化学实验（三）Basic Chemistry expt.	32		2		32				32						
	06124421	生物化学 Biochemistry	64		4						64						
	06124432	生物化学实验 Biochemistry expt.	32		2		32				32						

续表

课程类别	课程编号	课程名称（中英文）	总学时	课外学时	学分	课外学分	实验	上机	各学期学时分配								备注
									1	2	3	4	5	6	7	8	
学科基础课	06124010	植物生物学 Plant Biology	48		3				48								
	06124020	动物生物学 Animal Biology	48		3					48							
	06124060	微生物学 Microbiology	48		3							48					
	06124070	微生物生物学实验 Microbiology Biology expt.	32		2		32					32					
	06124031	细胞生物学 Cell Biology	48		3								48				
	06124040	细胞生物学实验 Cell Biology expt.	32		2		32						32				
	06125113	仪器分析实验 Apparatus Analysis Experiment	40		2.5		40					40					
	06121033	化工原理 Chemistry Engineering Principle	56		3.5								56				
	06123020	药理学 Pharmacology	32		2								32				
		合　计	840	0	52.5	0	288	0	111	181	260	120	168	0	0	0	

续 No：2

课程类别	课程编号	课程名称（中英文）	总学时	课外学时	学分	课外学分	实验	上机	各学期学时分配								备注
									1	2	3	4	5	6	7	8	
专业主干课	06134100	遗传学 Genetics	48		3									48			
	06134110	遗传学实验 Genetics Laboratory Practice	32		2		32							32			
	06134121	分子生物学 Molecular	48		3									48			
	06134130	分子生物学实验 Molecular expt.	40		2.5		40							40			
	06134140	基因工程 Genetic Engineering	64		4									64			
	06134180	细胞工程 Cell Engineering	32		2								32				

课程类别	课程编号	课程名称（中英文）	总学时	课外学时	学分	课外学分	实验	上机	各学期学时分配								备注
									1	2	3	4	5	6	7	8	
专业主干课	06134460	酶工程 Enzyme Engineering	32		2								32				
	06134160	发酵工程 Fermenation Engineering expt.	32		2								32				
	06134020	发酵工程实验 Fermenation Engineering expt.	16		1		16						16				
		合　计	344	0	21.5		88						112	232			
专业选修课	6144050	专业英语 Scientific English	32		2											32	
	06144210	生物技术制药 Biotechnological Pharmaceutics	32		2											32	
	06000295	生物信息学 Bioinformatics	32		2											32	
	06143310	药物设计 Medicine Project	32		2											32	
	06144220	生物制品学 Biological Products	32		2											32	
	06134230	生物分离工程 Biosolation Engineering	32		2											32	
	06144290	免疫学 Immunology	32		2											32	
	01227250	生态学 Ecology	32		2											32	
	06124260	生物统计学 Biostatistics	32		2											32	
		合　计（选学 8 学分）	288	0	8											128	

No：3

课程类别	课程编号	课程名称（中英文）	总学时	课外学时	学分	课外学分	各学期学时分配								备注
							1	2	3	4	5	6	7	8	
实践性教学环节		军训 Military Training	（2 周）			（2 周）									
	21110220	思想政治理论课实践 Practice of Political Courses	1 周		1.5					1 周					假期
	06161520	认识实习 Cognitive Practice	1 周		1.5					1 周					

续表

课程类别	课程编号	课程名称(中英文)	总学时	课外学时	学分	课外学分	1	2	3	4	5	6	7	8	备注
实践性教学环节	06161420	生产实习 Production Practice	4 周		6						4 周				
	06161430	化工原理课程设计 Design Project for chemistry principle	2 周		3						2 周				
	06161500	毕业实习 Undergraduate Practice	4 周		6									4 周	
	06163360	毕业(设计)论文 Undergraduate thesis	14 周		21									14 周	
		合 计	26 周		39		(2周)			2 周	6 周			18 周	
通识教育之素质教育必修课	85110000	文献检索 Information Searches	8	8	0.5							8			
	87110000	军 事 理 论 Military Theory	16	20	1		16								
	21110080	大 学 语 文 College Chinese	32		2		32								
		合 计	56	28	3.5		48					8			
通识教育之素质教育限选课	01110010	环境科学导论 Introduction of Environment	24		1.5							24			
	06110020	化工概论 Chemical introduction	24		1.5						24				
		合 计(共选3学分)	48		3						24	24			
通识教育之全校任选课			48		3										
创新能力培养					4										
人文科学素质培养															

总计:总学时 2558 学时,其中实验 478 学时;总学分:198 学分,其中实践教学环节 39 学分。

九、教学周历

学期 \ 周	1	2	3	4	5	6	7	8	9	10	11	12	13	14	15	16	17	18	19	20	21	22	23	24
第 1 学期 21 周		※	T	T																	●	=	=	=
第 2 学期 20 周																				●	=	=	=	=
第 3 学期 22 周																				●	=	=	=	=
第 4 学期 21 周																			I	●	=	=	=	=
第 5 学期 21 周	I	I	I	I															//	//	●	=	=	=

续表

周 / 学期	1	2	3	4	5	6	7	8	9	10	11	12	13	14	15	16	17	18	19	20	21	22	23	24
第6学期19周																			●	═	═	═	═	═
第7学期21周																					●	═	═	═
第8学期18周	I	I	I	I	/	/	/	/	/	/	/	/	/	/	/	/	/	/	※		═	═	═	═

项目	理论教学	认识实习	生产实习	毕业实习	课程设计	毕业论文		入学毕业教育	考试	军训	机动	假期
周数	125	1	4	4	2	14		2	7	2	0	37

注：理论学习□，考试●，入学、毕业教育及鉴定※，课程设计//，毕业论文/，认识实习、生产实习、毕业实习Ｉ，金工实习▲，军训Ｔ，假期═，机动Ｖ。

十、各类课程学分与学时数的分配比例表

课程类别		学分	学时	学时比例（%）
通识教育课程	公共基础课	67.5	1094	42.77
	通识教育必修课	3.5	56	2.19
	通识教育限选课	3	48	1.88
	全校任选课	3	48	1.88
小计		77	1246	48.71
学科基础课程		52.5	840	32.84
小计		52.5	840	32.84
专业课程	专业主干课	21.5	344	13.45
	专业方向课	8	128	5.00
小计		29.5	472	18.45
合计		159	2558	100.00
实践性教学环节	军训		（2周）	
	思想政治理论课实践	1.5	1周	
	认识实习	1.5	1周	
	生产实习（专业实习）	6	4周	
	课程设计	3	2周	
	毕业实习	6	4周	
	毕业设计论文	21	14周	
小计		39	26周	
总计		198		

十一、本专业培养方案的说明

1. 制定依据：本专业培养方案是根据教育部"生物技术专业规范（征求意见稿）"的意见与要求，结合以前我校生物技术专业培养方案，进行科学合理有机整合而制定的。

2. 制定过程：在制定过程中，根据学校专业培养方案总体的改革要求，进行了相关高校调研、企业征求意见、学科部讨论定稿等过程。

3. 参考文献：参考文献有教育部"生物技术专业规范（征求意见稿）"、"武汉大学人才培养方案"、"华中农业大学人才培养方案"等。

4. 培养目标：人才培养目标重点是"培养能把握现代生命科学与技术发展方向与前沿，具有生物化工与生物制药特色的应用型高级生物技术专业人才"。

5. 课程设置：在课程设置上，在保证生物技术专业课程的基础上，实现生物课程与化工、制药课程的有机融合，如开设化工原理、生物分离工程、药理学、生物技术制药、药物设计等，充分彰显我校培养生物技术人才的化工与制药课程特色。

公共基础课：67.5 学分，1094 学时，占 42.77％；

通识教育必修课：3.5 学分，56 学时，占 2.19％；

通识教育限选课：3 学分，48 学时，占 1.88％；

全校任选课：3 学分，48 学时，占 1.88％；

学科基础课：52.5 学分，840 学时，占 32.84％；

专业主干课：21.5 学分，344 学时，占 13.45％；

专业方向课：8 学分，128 学时，占 5.00％；

实践性教学环节：39 学时，26 周。

在课程设置上，充分体现了理论课程与实践课程的结合，通识教育课程与专业教育课程的结合，生物技术理科课程与化工、制药等工科课程的结合，为培养应用型化工特色的生物技术专业人才提供有力的课程支撑与保障。

6. 专业特色：生物化工与生物制药为我校生物技术专业人才培养的专业特色。

参考文献

[1] 韩新才，潘志权，丁一刚，等．构建化工特色的生物技术人才培养方案的探讨［J］．化工高等教育，2005，(3)：26-29.

[2] 韩新才，潘志权，丁一刚，等．化工特色生物技术新专业建设实践［J］．化工高等教育，2006，(6)：31-33.

[3] 韩新才．高校生物技术专业建设"十三五"规划探讨与实例［J］．课程教育研究，2016，(4月中旬刊)：166-167.

[4] 韩新才．工科院校生物技术新专业建设规划的探讨［J］．广东化工，2010，37 (5)：261-262.

[5] 陆兵，宫衡，陈国豪．生物工程专业课程体系的研究与实践［J］．化工高等教育，2003，(4)：78-82.

[6] 曹军卫，杨复华，张翠华．生物技术专业建设的实践与探索［J］．微生物学通报，2002，29 (2)：99-101.

[7] 李红玉，罗祥云，陈强．利用现有学科优势，因地制宜，创办具有自身特色的生物技术专业［J］．高等理科教育，2002，(2)：48-51.

[8] 常维亚，邢鹏，赵莉．利用优势资源，构建研究性大学本科人才培养方案［J］．中国高等教育，2004，(2)：31-32.

[9] 鞠平，任立良，陈怀宁．构建高素质创新人才培养体系的思考与实践［J］．中国大学教学，2004，(4)：34-35.

[10] 刘学春，彭清才，于林．高等农业院校生物技术专业人才培养的探讨［J］．山东农业教育，2001，(1)：8-11.

[11] 李志勇．细胞工程［M］．北京：科学出版社，2005.1.

[12] 张玉霞．我校生物技术专业建设管见［J］．赤峰学院学报（自然科学版），2005，21 (1)：31-32.

[13] 胡兴昌．生物技术专业建设的探索性研究［J］．上海师范大学学报（教育版），2003，32 (3)：38 41.

[14] 刘哲，罗玉柱．农业院校生物技术专业建设的探讨［J］．中国农业教育，2003，(4)：18-20.

[15] 龚明生，宋世俭．政思工作在高校政治文明建设中的作用［J］．武汉化工学院学报，2005，27 (6)：40-42.

[16] 龚明生．对高校政治文明建设的几点思考［J］．学校党建与思想教育，2005，(12)：64-65.

[17] 袁学军．园艺专业五年发展建设规划的探讨［J］．教育教学论坛，2015，(9)：281-282.

[18] 柳晓斌．高职财经类专业"十三五"规划应考虑的几个主要问题［J］．现代经济信息，2015，(2)：385-386.

[19] 海洪，佘文革．生物工程专业建设的探索与实践［J］．广西轻工业，2008，(12)：200-201.

[20] 曹军卫，杨复华，张翠华．生物技术专业建设的实践与探索［J］．微生物学通报，2002，29 (2)：99-101.

[21] 胡兴昌．生物技术专业建设的探索性研究［J］．上海师范大学学报（教育版），2003，32 (3)：38-41.

[22] 范同顺，杨晓玲．建筑智能化专业建设规划之分析［J］．安徽建筑工业学院学报（自然科学版），2004，12 (4)：77-79.

[23] 刘天军，朱玉春．农业院校电子商务专业建设规划与构想［J］．高等农业教育，2003，(5)：38-39.

注：本章是如下基金项目研究成果。十一五国家课题"我国高校应用型人才培养模式研究"的重点子项目"生物技术专业应用型人才培养机制创新研究"（FIB070335-A10-01）；湖北省高等学校省级教学研究项目（20050355）。